人生

浩子 编著

每日忠告

中国华侨出版社
·北京·

图书在版编目 (CIP) 数据

人生每日忠告 / 浩子编著 . -- 北京：中国华侨出
版社 , 2007.12（2024.2 重印）
　ISBN 978-7-80222-463-6

　Ⅰ . ①人… Ⅱ . ①浩… Ⅲ . ①人生哲学—通俗读物
Ⅳ . ① B821-49

中国版本图书馆 CIP 数据核字（2007）第 199044 号

人生每日忠告

编　　著：浩　子
责任编辑：高文喆
封面设计：朱晓艳
经　　销：新华书店
开　　本：710 mm × 1000 mm　1/16 开　　印张：14　　字数：185 千字
印　　刷：三河市富华印刷包装有限公司
版　　次：2007 年 12 月第 1 版
印　　次：2024 年 2 月第 2 次印刷
书　　号：ISBN 978-7-80222-463-6
定　　价：49.80 元

中国华侨出版社　北京市朝阳区西坝河东里 77 号楼底商 5 号　邮编：100028
发 行 部：（010）64443051　　　传　真：（010）64439708
网　　址：www.oveaschin.com　　E－m a i l：oveaschin@sina.com

如果发现印装质量问题，影响阅读，请与印刷厂联系调换。

前　言

　　既然你热爱生活，就要爱它的全部。

　　当满天的繁星落定，远处的歌声清灵地绽放，你询问手中的红莲，哪一朵光芒才是你圣洁的曾经。

　　也许人世的喧嚣使你逝去了儿时的憧憬与美好，让你只能在黑夜的舞台中演绎另一个人生，但，请记得，这也是上天的恩赐，至少它没有剥夺你拥有梦境的权利。人生难道是一场梦吗？

　　如果你能忆起那在世上漂泊的生、死、爱恨，能忆起那在世上飘荡的荣、辱、聚散，那往日曾经度过的时光，你会感到脱离了尘世的自由。

　　然而，不能。因为还有所追求，所以必然要忍受痛苦，还要继续做那个旖旎而荒唐的梦。

　　上帝对人类说："我伤害你是要治愈你；惩罚你是因为我爱你。"他的爱，一直都很泛滥。

　　许多人的一生都在麻木着，被动着，不知为什么而过。直到恍然大悟的那一天，才发现，突然间世界都清朗了，如水晶般清澈了，可

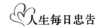

是一切都晚了，你的生命即将被回收，而替代你的则是一个如阳光般灿烂的娇嫩婴儿，那是上帝重新投入梦想的鲜活生命。原来，上帝也是个爱做梦的人。

既然，仙凡都不能幸免，那我们就不必苛求自己超脱。既然我们的梦想才刚刚开始，那必然会在探索中磕磕碰碰。因此，人生需要忠告。

忠告是往来生活的经验，是逾越障碍的技巧，是摆脱烦恼的智慧，是定位自我的坐标。

如果你能早一点倾听，你就不会是现在这副凄惶的样子；如果你能早一点剔除身上突兀的猛刺，你就不会伤到别人自己也伤痕累累；如果你早一点拿来别人的经验，那么你就不会为自己走了太多崎岖坎坷的道路浪费时光而追悔莫及。因此，忠告是指路的明灯。

人生的大智慧就是撷取他人生命中的精华来填充自己的头脑。比如你在学校里接受的知识，在生活中总结的经验，以及长辈的谆谆告诫。如果你记下了，那在人生之海的狂风大浪的危险时刻，你就会有更多的主意来保全自己。这时，每一条忠告统统都是生命值的剩余点。而命运和机会，也都不约而同地去青睐装备充裕的人。

忠告不是空话、大话、假话，而是时间酝酿出的真理。就像大海之中，不计其数的珊瑚奉献了自己的身体，变成了美丽奇异的珊瑚树。

现在，在你手中把握的，就是最大最光彩夺目的那一株。

目　录

第二章

是飞鸟，就要寻找春天

有些事情对你来说，美则美矣，但总是萦绕着丝丝缕缕恼人的遗憾，幽怨着，心痛着。

曾经执着的努力，也许已让你变得高大而坚强。可回首风浪之中，那个不知畏惧的少年，看起来是柔弱而渺小的。

时间在历练，他在沧海桑田中毫不吝惜地施舍自己的智慧，等待人们来发现和拥有。

是的，你并不聪明，但却是有缘人。这一切，只因为拥有一颗踏实的心。

第三章

走向梦想的天堂

人生道路上，你发现很多，却失去很多。这并不能说是一种过错，因为，在辛苦中总是需要能带给你温暖的美丽烟花，哪怕是转瞬即逝。

有时候，刻苦并不是最真实的，微弱并不是最渺小的，留恋并不是最怯懦的，绝境并不是最痛苦的，缺陷并不是最可笑的，抉择并不是最无奈的。

有时候，花并不是最娇艳的，雾也并不是最恼人的，命运并不是已注定的。

一切，都不过是场看起来比较混乱的错误，你可以将它们重新排好。

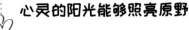

第四章

心灵的阳光能够照亮原野

　　如果你愿意付出，那么自然不会有人辜负这份好意。世界上最大的受惠者即是施恩者，如果你也有这种胸襟，那么就会功到自然成。

　　你没有博爱，或者你有眼光；你没有资本，或者你有头脑；你没有财富，或者你有洒脱；你没有美貌，或者你有气质。只要心中还有个信仰，你就是个让人羡慕的个体，一切努力还都不算晚，不算多。

第五章

追求的彼岸，是什么

这个世界最难到达的地方就是你的心灵。

不管怎样，曾经的舍弃与背叛，宽容与放纵，卑劣与痛苦，都如远方岛中的樱花，无悲无喜的飘荡着，恍若隔世。

一琴一剑，一酒壶，潇然出世，笑傲江湖。或许是种梦想，或许是种理想，或许是种情结，都不过是一厢情愿。

可是你我都宁愿沉醉在这美梦之中，去逃避这世间令人孤独的一切，只因为还要对得起自己的心。

若是累了，不妨休息，若是伤了，不妨退出。原本就是一场游戏，赢家不是得到功名利禄者，而是能够控制自我的人，即是我们口中的智者。

但愿你我都能成为这智者，人生就再也无忧。

第六章

做情海里那一朵依恋的白云

　　有情是一种荣耀，无论是你得到的，还是施与的。可惜"情"字当头，却不能人人都是一帆风顺，大道阳关。些许迷惑，些许无奈，些许挣扎，就如同早春的梅雨，远观则朦胧美好，近玩则感叹忧伤。这其中的距离分寸，究竟怎样才算完美？

友情是血，亲情是心，爱情是魂。既然懂得了必须拥有，就更要明白珍惜的可贵。否则，人是会支离破碎的。

所以，你要让他们明白，你的爱是如此浓厚，不管需要怎样的付出。

第七章

 简单生活的味道

生活原本就是单纯的，如果你坚持要待它如临大敌，那就是你的不对了。

先将风驰电掣的生活暂停，冷静地看看除了金钱、权力之外你还剩下了什么。不需惊诧，健康早已不知所终，精神再不知"放松"是怎样的滋味，头脑里除了物欲丝毫没有再为年少时纯净的美好留下些位置。也许这一切失去的你都会说我不在乎，可是当你面对自己心灵的时候，不知是否还有这样直白的勇气。

所以，要记得，这个世间还有太多不能放弃的东西，它们才是人生真正的温暖。

第一章

你拥有梦想，就拥有了全部

　　假如给你一双翅膀，你说，我冲向天空；假如给你一枝神笔，你说，我就能给山河添上气魄，给繁星缀上金光，给美人点上朱唇罗裳……然而，一梦醒来，依旧是空空的双手，空白的自己，是非成败，都是他人台上的好戏，于己无关。

　　落寞？寂寥？失望？不知你的垂首中，是否能分一缕情丝到那墙角的茉莉。她倔强地颤抖着，执拗着渺小单调的身影，一瞬间，香气感动乾坤。

　　在你心中，勇气，真的不曾失去过。

无可取代

佛陀刚一出生，一手指天，一手指地，喜滋滋地说："天上地下，唯我独尊。"虽然我们不可能有那么大的抱负，但只要做到让自己无可取代，也就可以实现自己"独尊"地位的奢侈梦想了。

有个女孩给一家还算不错的大公司打工。她的工作是替公司总裁拆阅、分类信件，薪水也是最普通的级别。有一天，公司总裁口述了一句格言，要求她用打字机记录下来："请记住：你唯一的限制就是你自己脑海中所设立的那个限制。"

她将打好的文件交给这位让她可望而不可即的犹如天人一般的公司首脑，并且有所感悟地说："你的格言令我深受启发，对我的人生大有价值。"

这件事并未引起总裁的注意，但是，却在女孩心中打上了深深的烙印。从那天起她开始在晚饭后回到办公室继续工作，不计报酬地干一些并非自己分内的工作——譬如替总裁给一些客户写回信。因为她了解他的风格。

她一直坚持这样做，并不在意上司是否注意到自己的努力。终于有一天，总裁的首席秘书因故辞职，在所有美丽聪明的女孩都对这一职位跃跃欲试时，总裁自然而然地想到了这个女孩。

在没有得到这个职位之前已经身在其位，这正是女孩获得提升最重要的原因。当下班的铃声响起之后，她依然坚守在自己的岗位上，在没有任何报酬承诺的情况下，依然刻苦工作，最终使自己有资格接受更高的职位。

　　故事并没有结束，这位年轻女孩的能力如此优秀，引起了更多人的关注，一些大型公司纷纷提供更好的职位邀请她，而此时，总裁多次提高她的薪水，与最初当一名普通速记员时相比已经高出了 4 倍。而且，再往上涨已经不太可能了。对于这种情况，总裁也无可奈何，因为她不断提升自我价值，使自己变得不可替代了。

　　无论你目前从事哪一项工作，每天一定要使自己获得一个机会，使你能在平常的工作范围之外，从事一些对其他人有价值的服务。在你主动提供这些帮助时，你应当了解，自己这样做的目的并不是为了获得金钱上的报酬，而是为了训练和培养更强烈的进取心。

　　你必须先拥有这种精神，然后才能在你所选择的终身事业中，成为一名杰出的人物。

　　你能给自己最好的推荐，就是以正确的心态提供最优良的服务。别人对你的看法相当重要，但它并不能左右你所有的愿望。如果你被认定是一个积极、有重要贡献的人，你就会备受欢迎。同事们会重视你，顾客会欣赏你，如果你能保持这些优点，你的老板也会肯定、奖励你。虽不能一夕成功，却也绝无永远失败的顾虑。如果你在别人眼中总是以消极的形象示人，那么就应该考虑自己是真正的惰性气体，还是雄心勃勃的不鸣则已，一鸣惊人。

　　优秀人才总是不愁"嫁"的。"适者生存"的法则并不是仅仅建立在残酷的优胜劣汰基础上，而是基于公平正义，是绝对公平原则的一部分。若非如此，美德如何能发扬光大？社会又如何能取得进步？那些思虑不周、懒惰的人与那些思虑缜密、勤奋的人相比有天壤之别，根本无法并驾齐驱。更别说还能有什么"发展"的机遇了。

　　许多老板，他们多年来费尽心机地寻找能够胜任工作的人。这些老板所从事的业务并不需要出众的技巧，而是需要谨慎、朝气蓬勃与尽职尽责。他们雇请了一个又一个员工，却因为粗心、懒惰、能力不足、没有做好分内之

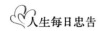

事而频繁遭到解雇。与此同时，社会上众多失业者却在抱怨现行的法律、社会福利和命运对自己的不公。

许多人无法培养一丝不苟的工作作风，原因在于贪图享受、好逸恶劳，背弃了将本职工作做得完美无缺的原则。不久前，我观察到一位经努力恳求终获高薪要职的女士，她才上任短短几天，便得意扬扬地开始高谈阔论想去"愉快的旅行"，月底，她便因玩忽职守而遭解雇。

正如两物无法在同一时间占据同一位置一样，被享乐占据的头脑是无法专心求取工作的完美表现的，若是要真正得到能够爽快地去享受的生活，那么你现在唯一要做的，就是第一个把自己放到别人无法触及的位置上，才能站得稳当，乐得开心。你若想让自己无可取代，请猛增自己的价值。让这种渴望如金钱一样，永远是多多益善，益善多多。

不放弃就能找到出口

在迷宫中，如果你停下来，绝望了，那么生命就将在此刻静止。只要你还有信心寻找下去，相信总有一天，你会发现那个充满圣洁光辉的出口。这时，你看看身后泥泞的脚印，一定会说："主啊，感谢你没有让我放弃。"

那是个真正的多事之秋。而在黑暗的岁月中，人们仅剩的光线，其实只有一道，那就是：信念。1940年5月10日英王授权海军大臣丘吉尔组织新内阁。丘吉尔发表著名的就职演说，他说："我没有别的，只有热血、辛劳、眼泪和汗水贡献给大家。"他又补充说："你们问：我们的政策是什么？我说：我们的政策就是用上帝给予我们的全部能力和全部力量在海上、陆地上和空中进行战争；同一个邪恶悲惨的人类罪恶史上从未见过的穷凶极恶的暴政进行战争。这就是我们的政策。你们问：我们的目的是什么？我可以用一个词来答复：胜利——不惜一切代价去争取胜利，无论多么恐怖也要去争取胜利；无论道路多么遥远和艰难，也要去争取胜利；因为没有胜利，就不能生存。"

牛津的教育在丘吉尔身上灿灿发光，正义终将战胜邪恶，这是丘吉尔信念的源泉。而信念，是攻无不克的法宝。

丘吉尔的演讲向德国法西斯分子坚定地表明了与之斗争到底的决心和态度。这样英国成为二战中同盟军中的坚强分子。丘吉尔作为在英国政治舞台上卓有领导才能的首相之一深受人民的尊崇。当时著名的英国社会活动家詹宁斯·普里特指出："丘吉尔无论遭到何种挫折与失败，始终是一个强者，他善于鼓舞民众并且毫不妥协的敌视德国人。"

然而，就在丘吉尔指挥若定，避免英伦三岛沦亡的战功永垂青史的时候，在战后的首次大选中，丘吉尔却被选民赶下了台。

此后，丘吉尔既没有怨天尤人，也没有躺在过去的功劳簿上自我陶醉或是干脆自成一党用来夺回失去的权力。而是厉兵秣马，摩拳擦掌，徐图再战。

有一回应邀在剑桥大学毕业典礼上致辞。那天他坐在首席上，打扮一如平常，头戴一顶高帽，手持雪茄，一副怡然自得的样子。

经过隆重但稍嫌冗长的介绍词之后，丘吉尔走上讲台，两手抓住讲台，注视观众后大约沉默了两分钟，然后他就用那种他独特的风范开口说："永远，永远，永远不要放弃！"接着又是长长的沉默，然后他又一次强调："永远，永远，不要放弃！"最后在他再度注视观众片刻后蓦然回座。

无疑地，这是历史上最短的一次演讲，也是丘翁最脍炙人口的一次演讲。这句话中空间代表了什么，时至今日，仍是仁者见仁，智者见智，令人回味无穷。

结果，丘吉尔在后来的竞选中又夺回了首相宝座，并成为英国一代贤相，

丘吉尔再一次靠信念和勇气取得了胜利。

宗教改革家马丁·路德曾经如此写道："最终衡量一个人是否成功，不是看他一帆风顺的时候做什么，而是看他在艰苦和困难的时刻，是否懂得用坦然的辽阔心胸去面对！"

其实，越是困境，越要不屈不挠，锲而不舍，做一颗永远打不破、锤不烂的响当当的豌豆。甚至还要感谢这个困境，因为这才是一个人命运转变的开始，是一个人长大成熟的标志。

遭遇挫败的时候，难道一心寻死或沉沦下去，就会改变命运吗？这是不可能的事情啊！不管你曾经有过多么辉煌的成就，也不管是朋友的背叛或是命运的不公正，你都要知道，失败了，是个现实。而你决意自杀，你对不起的人就很多，同时，也会变成人们的笑柄。存在过，却永远抬不起头来。

现代人遇见小小的挫折便整日呼天喊地，埋怨老天爷，抱怨大环境恶劣，殊不知，这样的境况其实是咎由自取。

命运一直掌握在个人手中，唯一能逼你放弃的人，只有你自己，只要你紧握在手、坚持到底，扼住命运的咽喉，一切不幸都会畏惧你，逃离你。可是，如果你对自己都失去信心，那么谁还敢相信你呢？

太阳每天都会下山是个真理，但是你记得哪天它忘了出来吗？

让人生转败为胜

在旷野的小屋里向外张望，一个人看到了夜间的空洞与荒凉，另一个人看到了美丽的星光。只要你心存希望，人生一定不会再次让你失望！

曾经有人拜访过芝加哥大学校长，请教他快乐的秘诀是什么。

"你手上如果只有一个酸柠檬，就做杯可口的柠檬汁吧！"

这正是那位芝加哥大学校长所采取的办法，但一般人却少有这种见识。在他们眼中，一切都是毫无希望的。

如果人们发现命运送给他的是一个柠檬，他会立刻放弃，并说："我完了！我的运气这么坏！一点机会都没有。"于是他与世界作对，并把自己放入自我可怜的境地。

如果得到柠檬的是个聪明人，他会说："我可以从这次不幸中学到什么？怎么样才能改善目前的处境？怎样把这个柠檬做成柠檬汁呢？"

伟大的心理学家艾德勒穷其一生都在研究人类及其潜能，他曾经宣称他所发现的人类最不可思议的一种特性，是"人具有反败为胜的力量"。

有一个农民买下农田时，他的情绪十分低落。土地贫瘠得不适合种植果树，甚至连养猪也不行。除了一些灌木和响尾蛇，什么也活不了，可是这些生物，能像庄稼果树一样可以让自己不愁吃吗？真的很让人怀疑。

后来他忽然有了主意，他决定将"负债"变为资产，他要利用这些响尾蛇。于是，不顾大家的惊异，他开始生产响尾蛇罐头。

几年后又拜访他时，我发现每年有平均2万名游客到他的响尾蛇农庄来参观，他的生意好极了。我亲眼看见毒液抽出后送往实验室制作血清，蛇皮高价出售。发家致富的机会竟有这么多！

已故作家威廉·波利多曾写道："人生最重要的不是以你的所得作投资，因为任何人都可以这样做。真正重要的是如何由损失中获利。这才需要智慧，也才显示出人的高低贵贱。"

波利多写这段话时，他在一次火车意外中失去了一条腿。可那又怎样呢？并不妨碍他依旧用自己宝贵的大脑来创造成就。

哲学家尼采认为优秀杰出的人，"不仅能忍常人所不能忍，并且热爱这

种挑战"。

越研究那些有成就的人，我们就越清晰地看到他们的成功大部分因为缺陷激发了他们的潜能。

威廉·詹姆斯曾说："我们最大的弱点，给了我们不可预期的动力。"

是的，弥尔顿如果不是盲人，可能就写不出如此精彩的诗篇。

贝多芬则可能因为耳聋才得以完成这么动人的音乐作品。

海伦·凯勒的创作事业完全是受到耳聋目盲的激发。

如果柴可夫斯基的婚姻不是这么悲惨，逼得他几乎要自杀，他大概也写不出不朽的《悲惨交响曲》。

托尔斯泰和杜斯妥也夫斯基都是因为自身命运悲惨，才能写出流传千古的动人小说。还有米开朗琪罗，还有马奈及那群后来震惊世界的印象派大画家们。他们当初不为世人所容的悲惨境遇比今之你我不知要惨上几千几万倍，好在都挺过去了，正像我们现在将要去做的一样。

一位改变人类科学观点的科学家说：

"如果我不是这么无能，我就不可能完成所有这些我辛勤努力完成的工作。"这是达尔文的自白，他坦承自己受到弱点的激励。

达尔文在英国诞生的同一天，美国肯塔基州的小木屋里也诞生了一位婴儿，他如果不是受自己缺陷的激发，并由此决心奋发图强，也就不可能成为亚伯拉罕·林肯。如果他生长在富有的家庭，得到哈佛大学的法学学位，又有圆满的婚姻，他可能永远不能在盖茨堡讲出那么深刻动人、不朽的名篇，更别提连任就职时的演说——他可算得上是一位具有统治者最高尚情操的人，他说："对人无恶意，常怀慈悲于世人……"

佛斯狄克在其著作中提到：

"有一则北欧寓言中说——冰冷的北极风造就了维京人。我们什么时候相信人们会因为舒适生活和没有任何困难而觉得快乐？正相反，自怜的人即使舒舒服服地靠在沙发上，也不会停止自怜。反倒是不计环境优劣的人常常能快乐，他们对个人应当承担的责任极有担待，从不逃避。"

要再强调一遍——坚毅的维京人是冰冷的北极风造就的。

世界著名的小提琴家欧·布尔在巴黎一次音乐会上，小提琴的 A 弦忽然断了，他面不改色地用剩余的三条弦奏完全曲。

佛斯狄克说："这就是人生，断了一条弦，就用剩余的弦继续演奏。"

这还不只是人生，这是超越人生，是生命的赞歌！更是每一个人所修习到的智慧！

要决断，别怕错

如果你攥着一只又大又漂亮的风筝，却反复计算多大的风力才能将它吹上天，要放多高才能不使风筝受损、线折断，那它只好在你的手中颐养天年了。为什么不放它出去呢？自会有风将它越吹越高的，自有云朵和广阔让它越来越快乐。

当我们在认真考虑某件事情之前，如果将那件事情的各方面都顾及并且郑重考虑各个细节是正确的，是否有真实的可操作性，然后，运用自己的全部经验与理智作为参考反复权衡利弊是无可厚非的，但是最终你必须做出决断吧，否则会一事无成。

有一个姑娘要买一顶帽子，她希望这顶帽子戴起来不要过于温暖但一定要柔软，不可过于沉重，这顶帽子要晴雨皆宜，庄重、休闲的场合皆可佩戴。于是她会为了这个标准跑遍城市中所有出售衣帽的商场、店铺，从一个柜台

到另一个柜台，她简直要把所有店铺中的帽子都试戴一遍，反复审视、反复比较，并且诘问得令售货小姐厌倦，但结果是空手而归，什么也没买到。即使终于买了一顶，她仍然没有把握，究竟是买对了还是买错了，接着是更换两三次，但结果还是不能完全使她满意。当然，我们都会讥笑她，如果世上真有这样一顶帽子，那还会有什么不能十全十美的呢？可是在一遍一遍地欢声笑语后却总是发现不了，原来自己和她同样的挑剔，同样的犹豫，同样的愚蠢。

假如你有寡断的习惯或倾向，应该马上让自己逃离它的魔掌，因为它足以强大得如同魔鬼撒旦的力量会破坏你生命中的种种机会的。有些人能力很强，头脑敏捷，人格很好，但就是因为有反复重新策划的坏毛病，以至在无穷无止的苦苦思索中浪费光阴。

胆略过人的人必定是决断敏捷的人，不管他们错误的次数有多少。在事业上取得的进步总要比那些胆小狐疑、不敢冒险的人多得多。要知道，站在河的此岸呆立不动、思前想后的人，永远到不了河的彼岸！

所以你要记住一句话：错误的决断好过没有决断，早决断好过晚决断。假使事件当前，需要你的决定，则你当在今天决定，不要留待明天，不论事情大小都应该如此。

今天我们都知道达尔文是进化论的创始人，而他也的确是最早着手探讨物种起源的，可是这个位置差点被一位叫华莱士的年轻人夺去，真是异常惊险。

从1842年起，达尔文就开始起草进化论的提要，1844年，他完成了《物种起源》的详细提纲，直到1858年，他仍然在慢腾腾地撰写这部书。他的好朋友赖尔和虎克都不断催促他，让他赶快把他的理论写出来，并且警告他说："否则，就会有人跑到你前边去了。"达尔文听了只是一笑了之。他是一位严肃认真的科学家，非要找到确凿的证据才肯动手，并且要使他的理论尽可能地完善、严谨。

在这期间，果真有一位年轻人赶到他前边去了，那就是华莱士。华莱士的性格与达尔文完全不同，他一旦产生某种新思想，马上就伏案写作，两天后完稿。1858 年夏天，华莱士将自己的论文寄给一位自己所尊敬和信赖的学者，这个学者就是达尔文。

当达尔文看到这篇论文不觉全身一震。他一口气把论文读完，发现文中所写的完全都是自己思考过的问题，甚至所用的语言也和自己的完全一样。只要他推荐了它，华莱士就将成为这一重大发现的创始人，这意味着自己将失去为之倾注了全部的心血、耗费了 20 年时间的重要理论的开创权。达尔文心中非常懊丧和遗憾，但他是一个非常正直的科学家，他立即提笔写了一封热情洋溢的推荐信，并且决定放弃自己的大规模写作。当朋友们知道这件事后，认为很不公平，因为他在 1842 年写的摘要就已经是一篇完整的进化论论文。在他们的倡议下，两篇论文同时发表了。华莱士也不愧为一位高尚的科学家，当他知道事情真相后，深受感动，并甘心情愿地把进化论创始人的位置让给了达尔文。而达尔文在朋友们的鼓励下，重新拿起笔来，10 个月后，科学巨著《物种起源》出版了。

在我们为两位伟大科学家的高尚品格钦佩的时候，也不禁为达尔文捏一把汗，幸亏他遇到的都是热情、正直的人，否则几十年的心血将付诸东流。可怕亦可怜。

我们不敢奢望现实生活中也有许多品行端方，正直无私的人，毕竟这是一个物质和利益交错充斥的社会，没有人会轻而易举地放弃一切与自身相交的东西，除非他真的"大智若愚"。所以，当一个想法思考成形，成熟后，要干干脆脆地去做，并要它在实践中不断完善，这才是最重要的。否则，如果让别人抢了先机，可就后悔莫及了。

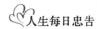

让错误变成无价之宝

沿着畅通无阻的道路走下去你会觉得很轻松，可是这样的成功除了再一次验证勤劳是"致富之路"外没有特殊的意义。然而你从别人都跳不过的悬崖上跳过去了，这就非比寻常。这不仅仅是成功，更是具有划时代意义，因此，伟人录上就毫不犹豫地多了你的名字。

现在的你我早已习惯了电脑键盘上字母的排列方式，虽然也觉得既难记忆又不顺手，但还是认为那是理所当然，如果你深究其形成过程后，就会发现它的排序并不是很"科学"很"理想"的。这究竟是什么原因呢？难道设计者们都没能发现这个问题吗？当然不可能。

原来，在19世纪70年代，由于当时机械工艺不够完善，打字机的字键在击打后弹回速度较慢，打字员击键速度太快，就很容易发生两个字键绞在一起的现象，必须用手小心地把它们分开，从而严重影响了打字速度。肖尔斯公司作为当时最大的打字机生产厂家，时常收到客户的投诉。为了解决这个问题，工程师们伤透了脑筋，因为材料的局限，他们实在没有办法再增加字键的弹回速度了。

当大家都在为增加字键弹回速度绞尽脑汁时，有一位聪明的工程师提出了一条趋害避利的新思路：既然我们无法提高字键的弹回速度，为什么不想法降低打字员的击键速度呢？噢！大家眼前一亮，虽然有点对不起大众，但这无疑是当时条件下的一条好思路。

降低打字员击键速度的诸多方法中最简单的是打乱26个字母的排列顺序，把常用的字母摆在较笨拙的手指下，使用频率低的字母反倒由最灵活的手指来负责。结果，我们常见的字母组合键盘诞生了，并且逐渐定型下来。

随着材料工艺的发展，字键弹回速度已远大于打字员的击键速度，也曾经有许多人设计出更合适的字母排列方案，但都无法令键盘字母顺序改变了。因为大家都已习惯，不愿意再一次尝试新型键盘了。

"趋害避利"，就是用肯定的视角来看待那些显而易见的失败和错误面，"将错就错"，则很容易成就一件成功的事。在发明史上许多发明就是犯了错误也"将错就错"的产物。

一位发明家要研制出高强度的胶水，生产出来后黏性却很低，他不以为败，利用"低黏性"生产出了不干胶。3M的一位员工发现这种不干胶既可以粘住纸张又不损坏纸张，于是用它发明了"双面胶"。有一个小女孩从自己散碎的魔方身上汲取突如其来的灵感，将其改装成一种新型益智玩具，从而获得数百万的奖金。

看来，只要我们用心，就能从任何一件"坏事"中找到正面的因素，关键在于你的头脑中存不存在别人所缺少的创新思维。假如你一时无法发现"坏东西"的有利一面，不妨先停一停，要知道，最佳的创意总是姗姗来迟。

懒惰的钥匙

当你有了目标却迟迟不肯动手时，就是被懒惰控制了，当你准备向前迈一步却不愿抬起脚来时，懒惰在你的思想中占了上风。既然如此，就让自己随心所欲地躺在床上听从懒惰的调遣吧！你的愿望实现了，生活却变成了灰色。

当你蜷缩在自己的小窝里享受自在幸福的休闲时光时，是不是会惬意地大声呼喊："我是惰性气体，让懒惰来得更猛烈些吧！"然后快乐地跳跃着，一头扎进越睡越觉得舒服的大床上？可是美好总似流星般转瞬即逝，不管愿不愿意，你终于还是得打上领带或者往脸上涂满厚厚的脂粉出门了，奔向那个维持你过日子的可恶的工作间。

日子就是这样，虽然懒惰妙不可言，可是自己腐败了一两天后，你还得变成勤快的小蜜蜂。因为一个人需要成功。

达·芬奇曾经说过："勤劳一日，可得一夜安眠；勤劳一生，可得幸福长眠。"如果一个人懒惰一天，那便是浪费了一天的光阴，可能浪费了一个绝佳的成功机会；如果一个人懒惰一生，那就是毁了自己的人生，让自己带着失败的烙印走向死亡。

每个人都有允许自己偷懒的时候，但是成功者与失败者的区别在于对待偷懒行为的不同方式。成功者在心里有一个目标，也有一条准则，准则督促着自己不要懒惰，要向目标不断迈进。而失败者则放纵自己懒惰，并任由懒惰成为一种习惯，仿佛在享受一种闲适，其实是在虚度自己的人生。克雷洛夫告诉我们：恶劳好逸，人之常情。正因这是人之常情，人才需要不断鞭策自己。

或许有的人会说，自己天赋不错，比起其他人来说有懒惰的资本。别人忙活一周的工作我只需要一天就统统搞定。但是如果你仅仅将标准放在那些天赋不如你的人身上，总有一天，他们也将超过你。因为你变成了龟兔赛跑里那只空有一身本事却傻乎乎睡着了的兔子。

米哈伊·德·蒙田曾说过，非凡的才华，也会被懒惰扼杀。或者你根本没有才华，有的是享用不尽的好运，到头来依旧是它的手下败将。

有一个人活到二十几岁就死了。阎王在生死簿上发现这个人应该有一千两黄金的财运，并且可以活到 60 岁。到底是什么原因改变了他的命运，吞噬了他的财富呢？阎王心里很奇怪，于是就去调查此事。

阎王叫来财神。财神说："我看这个人的文学天赋不错，写文章一定会成名，所以就把一千两黄金交给了文曲星。"

阎王叫来文曲星。文曲星说："这个人虽然文学天赋不错，但武略的潜能更好，我就把一千两黄金交给了武曲星。"

于是阎王又叫来武曲星。武曲星说："这个人文才武略的素质都不错，但太懒惰，我不知道怎样让他拿到这一千两黄金，只好把黄金交给土地公。"

阎王再宣土地公。土地公说："此人实在太懒了。我怕他拿不到黄金，就把黄金埋在他家的庭院里，他只要去庭院里挖上一锄头就能挖到黄金，可是他从来就没有挖过，活活地饿死了。"

阎王听完汇报，说了声活该，就把一千两黄金充公了。

贫穷不是罪，但因懒惰而导致贫穷则是一种罪。懒惰让我们失去目标，失去热情，失去机会，即使是天赐良机摆在我们身边，我们也对它视而不见。这样的人，你说他对得起上苍给我们安排的美丽人生吗？

爱因斯坦说过："在天才和勤奋之间，我毫不迟疑地选择勤奋，它几乎是世界上一切成就的催生婆。"

勤奋能弥补原先的不足，而懒惰足以让所有的优势损失殆尽。才能一旦被懒惰支配，它就一无可为。

所以，千万不要让懒惰支配你，一时的偷懒能让人心情和身体都得到轻松，但当懒惰成为一种习惯，那就成了一种腐蚀生命和才能的毒药，让你永远也无法靠近成功的彼岸。只能停留在原地兜圈子，甚至还有倒退几十年的危险。

克服懒惰，正如克服任何一种坏毛病一样，是件很困难的事情。但是只要你决心与懒惰分手，持之以恒，那么，还有什么是做不到的呢？像富兰克林所说的，懒惰会使铁块生锈，而钥匙却总是闪闪发光。

把位置放低

潭水之所以深，是因为它在瀑布的最低处才有积蓄的可能。有时候舍弃高度往往更能成就自己，以退为进更是一种智慧的艺术。

小孙在广告公司谋事，由于年轻易冲动，总以为自己应该占头等，所以心高气傲的他总是在不经意间就得罪了经理。于是，在以后的日子里，每次开会他都自然而然成为会议的第一个主题——挨批。被批得面目全非的他，真想一走了之。但他转念一想，如果真的走了，一些罪名不光洗不清，而且会被蒙上厚厚的污垢；再者，这是一家很有名气的广告公司，自己完全可以从中源源不断地得以"充电"。于是他坚持留了下来，整理好乱七八糟的心情，低头实干，以兢兢业业的工作来为自己疗伤，以实实在在的业绩回击谎言。一笔又一笔的业务，增添了他的信心，也让他积攒下了许多经验财富。这就是人站在高处容易被"削"，埋头干活却有所成就的典型。

还有一个刚开始就聪明的低下身子取得成功的例子。一位留美的计算机博士，毕业后在美国找工作，结果好多家公司都不录用他，思来想去，他决定收起所有的学位证明，以一种"最低身份"再去求职。

不久他就被一家公司录用为程序输入人员。这对他来说简直是"高射炮打蚊子"大材小用，但他仍干得一丝不苟。不久，老板发现他能看出程序中的错误，非一般的程序输入员可比。这时他才亮出学士证，老板给他换了个与大学毕业生对口的专业。

过了一段时间，老板发现他时常能提出许多独到的有价值的建议，远比一般的大学生要高明，这时，他又亮出了硕士证，老板见后又提升了他。

再过了一段时间，老板觉得他还是与别人不一样，就对他"质询"，此时他才拿出了博士证。因为老板对他的水平已有了全面的认识，于是毫不犹豫地重用了他。

不是吗？人不怕被别人看低，而怕的恰恰是人家把你看高了。看低了，你可以寻找机会全面地展现自己的才华，让别人一次又一次地对你"刮目相看"，你的形象会慢慢地高大起来。可被人看高了，刚开始让人觉得你多么的了不起，对你寄予了种种厚望，可你随后的表现让人一次又一次地失望，结果是被人越来越看不起。

退一步海阔天空，这绝对是反败为胜的真理。

美国有位总统马辛利，因为一个用人问题，遭到一些人强烈反对。在一次国会会议上，有位议员当面粗野地讥骂他。他气得鼓鼓的，但极力忍耐，没有发作。等对方骂完了，他才用温和的口吻道："你现在怒气应该平和了吧，照理你是没有权利这样责问我的，但现在我仍然愿详细解释给你听……"他的这种让人姿态，使那位议员羞红了脸，矛盾立即缓和下来。试想，如果马辛利得理不让人，利用自己的职位和得理的优势，咄咄逼人进行反击的话，那对方是决不会服气的。由此可见，当双方处于尖锐对抗状态时，得理者的忍让态度，有"釜底抽薪"之妙，能使对立情绪"降温"。

在你自己筹划人生之路的时候，一定要让自己"眼高手低"，志当存高远，却要不急不躁从小事情做起。这样，成功的概率自然会高出许多。不信，先试试看又何妨？

专注的力量

著名的数学家谷超豪教授说："科学上伟大的发现，绝不是单凭一时的

灵感就能出来的。它是在前人优秀成果和思想的基础上，结合最新的发展，加上科学家们自己长期辛勤劳动，才能产生的。"这就是专注的伟大之处。

林清玄《在梦的远方》中写了这样一个故事：

有两个朋友，一个叫阿呆，一个叫阿土，他们一起去旅行。

有一天来到海边，看到海中有一个岛，他们一起看着那座岛，直到晚上，因疲累而睡着了。夜里阿土做了一个梦，梦见对岸的岛上住了一位大富翁，在富翁的院子里有一株白茶花，白茶花树根下有一坛黄金，然后阿土的梦就醒了。

第二天，阿土把梦告诉阿呆，说完后叹一口气说："可惜只是个梦！"

阿呆听了信以为真，说："可不可以把你的梦卖给我？"阿土高兴极了，就把梦的权利卖给了阿呆。

阿呆买到梦以后就往那个岛出发，阿土卖了梦就回家了。

到了岛上，阿呆发现果然住了一个大富翁，富翁的院子里果然种了许多茶树，他高兴极了，就留下做富翁的佣人，做了一年，只为了等待院子的茶花开。

第二年春天，茶花开了，可惜，所有的茶花都是红色，没有一株是白茶花。阿呆在富翁家住了下来，等待一年又一年，许多年过去了，有一年春天，院子里终于开出一棵白茶花。阿呆在白茶花树根掘下去，果然掘出一坛黄金，第二天他辞工回到故乡，成为故乡最富有的人。

卖了梦的阿土还是个穷光蛋。

人生有很多梦是遥不可及的，但只要坚持，就还有实现的可能。阿呆成功的关键在于保持专心。也就是说，对人生的未来蓝图应该有清楚的、明确的影像，这样一来你就会心无旁骛地工作，你就会不断尝试并认真做好每一件事，直到达到目标为止。

我们之中没有任何人、任何办法同时专心地思考一件以上的事情。我们在同一时间内仅能专注于一件事物，这就要求我们专注我们的目标。如果我们根本就没有目标，或目标漫无边际（同样等于没有目标），那么，我们的精力就会白白浪费掉，这就要求我们设定目标，要求我们要有专心精神。

"专心"表示一个时间只针对一个主题思考。你思考的可能是财富、健康、充实、平安等这些概念，无论你思考的是什么，你都应该把握住你自己的想法，将这个想法放在你人生目标的前方，然后盯住它。

一个人想要在学习、工作和事业上获得成功，就必须培养自己的"有意注意"。"有意注意"是获取知识的前提。"有心磨石石成针，无心磨石石无痕。"如果没有良好的注意品质作基础，不善于全神贯注在选定的目标上，那么也就谈不上很好地进行观察、记忆和科学地思维了。

西汉时期著名的思想家和教育家董仲舒十分强调学习的专注。他说："目不能二视，耳不能二听，手不能二事。一手画方，一手画圆，莫能成。""善不一，故不足以立身"（《春秋繁露·天道无二》）。为学和做事都须专心致志，切忌三心二意，或东或西，忽此忽彼。若心志不能专一，必定一事无成。只有当注意力高度集中并始终保持在一个对象或一种工作上，且具有对疲劳和精神分散的抵抗力，由此形成注意的稳定性，那么才能完成任务并获得成功。

能够专心一致表明你具有一种能力，表明你朝目标前进之余，也能保持对其他事物的正常动作，可以说你是让你整个人和你的整个生活一起朝向目标前进。如果是一个"执著"的经销商，只盯着顾客，而把家庭等等置之不顾，未免有点悲壮。如果你有一个家庭，就不应该只有你一个人朝目标前进，你整个家庭应该与你一起向前迈进。你的人生不只是你一个人的人生，而是整个家庭的人生，你为家庭创造出愈多的人生意义，你愈是经常向你的爱人和孩子说明你的理想，你们就愈可能以一个生命整体的形象逐渐迈向理想的境地。

一秒钟的价值

时间，是宇宙万物都必须身处的存在状态，在它制定之初，就规定了这样一项原则——任何东西有出生就有毁灭。对于人类来说，人生短暂。所以人生的许多问题，归根到底都是时间问题。

在非洲的大草原上，一天早晨，曙光刚刚划破夜空，一只羚羊从睡梦中猛然惊醒。

"赶快跑。"它想到，"如果慢了，就可能被狮子吃掉！"

于是，起身就跑，向着太阳飞奔而去。

就在羚羊醒来的同时，一只狮子也惊醒了。

"赶快跑。"狮子想到，"如果慢了，就可能会被饿死！"

于是，起身就跑，也向着太阳奔去。

就是这样，谁快谁就赢，谁快谁生存。一个是自然界兽中之王，一个是食草的羚羊，等级差异，实力悬殊，但生存却面临同一个问题——如果羚羊快，狮子就饿死；如果狮子快，羚羊则被吃掉。自然界的定律同样适用于人。

贝尔在研制电话时，另一个叫格雷的人也在研究。两人同时取得突破。但贝尔在专利局赢了——比格雷早了两个钟头。当然，他们两人当时是不知道对方的，但贝尔就因为这 120 分钟而一举成名，誉满天下，同时也获得了巨大的财富。

谁快谁赢得机会，谁快谁赢得财富。这简直就是成功的绝对真理！

无论相差只是 0.1 毫米还是 0.1 秒钟——毫厘之差，天渊之别！

在竞技场上，冠军与亚军的区别，有时小到肉眼无法判断。比如短跑，第一名与第二名有时相差仅 0.1 秒；又比如赛马，第一匹马与第二匹马相差仅半个马鼻子（几厘米）……但是，冠军与亚军所获得的荣誉与财富却相差天地之远。

时间的"量"是不会变的，但"质"却不同。关键时刻一秒值万金。谁说不是呢？

每个上进的人都拼命追求事业的成功，因为他知道，他的一生很快就会过去，如果不做出点事业，他的名字很快就会被人遗忘。

大多数事业上遇到挫折的人都会慨叹岁月的蹉跎，因为他清楚宝贵的时光很有可能会白白过去。

许多年轻人爱假装老成，而许多老年人却总是不服老，他们都向往青年和中年时代——那是创业的黄金时间。所以，珍惜时间已经变得很迫切了。

珍惜时间就是珍惜生命，难道非要等到时日不多，才能意识到生命的可贵？

一天，在一位医生的拥挤的候诊室里，一位老人突然站起来走向值班护士。"小姐，"他彬彬有礼，一本正经地说，"我预约的时间是三点，而现在已经是四点，我不能再等下去了，请给我重新预约，改天看病吧！"

两个妇女在旁边议论说："他肯定至少是 80 岁了，他现在还会有什么要紧的事？"

那老人转向她们说："我今年 88 岁了，这就是为什么我不能浪费一分一秒的原因。"

我们现在之所以还在大把大把地浪费时间，恐怕就是因为年纪尚轻吧。事实就是这样，青春的日子里盼望自己长大，老去，而一旦过了 30 岁的槛，心里就没了底，悔过了，可究竟有什么用呢？岁月毕竟被你挥霍掉了。如果从现在开始，你能有个清醒的认识，绝对看重每一秒钟，我要对你说，还好，还不算晚。

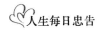

"恃"强"凌"弱

　　在赛场上与对手硬碰硬地拼命，无疑是一种野蛮的行为，何况还不一定能取得胜利。要想让自己永立于不败之地，就要学会"曲线救国"的方法，大方地"恃"强"凌"弱。

　　对于一个人来说，要想强到像如来佛祖那样随心所欲是不可能的事情。但长处总是该有的，弱势总不会弃你而去。想要成功，如果坚决地去硬碰硬解决不了问题的话，为什么不顿悟优化自己的强势，瞄准别人的劣势，一举攻下呢？

　　一位搏击高手参加锦标赛，自以为稳操胜券、十拿九稳一定可以夺得冠军。

　　出乎意料，在最后的决赛中，他遇到一个实力相当的对手，双方竭尽全力出招攻击。当比赛打到了中途，搏击高手意识到，自己竟然找不到对方招式中的破绽，而对方的攻击却往往能够突破自己防守中的漏洞，有选择地打中自己。天啊，这可是个不太妙的情况！

　　比赛的结果可想而知，这个搏击高手惨败在对方手下，与冠军的奖杯失之交臂。

　　他愤愤不平地找到自己的师傅，一招一式地将对方和他搏击的过程再次演练给师傅看，并请求师傅帮他找出对方招式中的破绽。他决心根据这些破绽，苦练出足以攻克对方的新招，决心在下次比赛时，打倒对方，夺取冠军奖杯。

　　师傅笑而不语，在地上画了一道线，要他在不能擦掉这道线的情况下，设法让这道线变短。

　　搏击高手百思不得其解，怎么会有像师傅所说的办法，而且自己也没有个机器猫伙伴儿从万能口袋里掏出个超现实的"武器"来啊！怎样才能使地上的线变短呢？最后，他无可奈何地放弃了思考，转向师傅请教。

师傅在原先那道线的旁边，又画了一道更长的线。两者相比较，原先的那道线，看来变得短了许多。

师傅开口道："夺得冠军的关键，不仅仅在于如何攻击对方的弱点，正如地上的长短线一样，如果你不能在要求的情况下使这条线变短，你就要懂得放弃在这条线上作文章，寻找另一条更长的线。那就是只有你自己变得更强，对方就如原先的那条线一样，也就在相比之下变得较短了。如何使自己更强，才是你需要苦练的根本。"

徒弟顿时心下大悟。

师傅笑道：搏击要用脑，要学会选择，攻击其弱点，同时要学会放弃，不跟对方硬拼，以自己之强攻其弱，你就能夺取冠军。

在获得成功的过程中，在夺取冠军的道路上，有无数的坎坷与障碍，需要我们去跨越、去征服。人们通常走的路有两条：

一条路是懂得扬长避短，以己之长攻他人之弱。正如故事中的那位搏击高手，可找出对方的破绽，给予其致命的一击，用最深奥的技术或技巧，快速解决问题。

另一条路是先认输，然后励精图治，全面增强自身实力，在人格上、知识上、智慧上、实力上使自己加倍地成长，变得更加成熟，变得更加强大，以己之强攻敌之弱，使许多问题迎刃而解。

总之，殊途同归，大原则是改变不了的。那就是：不用自己这个"宝贝"去碰别人那块"大石头"，而要先想方设法用鸡蛋换个大锤子回来砸碎它。只有这样，你才能真正感到"爽"，感到扬眉吐气。

职场备忘录

许多人在奋斗过程中丢失了梦想，所以他们没能成功，许多人在职场中不懂得游戏规则，所以他们被淘汰出局。既然涉足江湖，就是把握好自己，让自己记得一重一失，通俗来讲叫长记性。

1. 为钱还是为幸福而工作？

事实上，每个人都希望能到一个"物有所用"的地方去发挥自己的才干。这不仅是指让自己工作并快乐着，更想有一笔丰厚薪水乖乖地交到你手上。可事实上，鱼和熊掌兼得是比较少见的，大多数情况我们只能取其一。甚至连这个"一"都算不上。我要提醒你的是，要记得充实的工作内容比薪水更重要，但很多人尤其是女孩并不懂得这个道理。

有关机构曾对十大高校即将毕业的女生进行了调查——关于未来的工作，你关心什么？未来的展望如何？结果显示，她们关注的第一个焦点是薪水的多少，而非工作内容。一听说别人的薪水比较高，就羡慕得不得了。其次是工作条件，如一星期是否有两个休息日？需不需要加班？

当然，一份好的工作肯定需要有这样那样的标准。但其实人们忘了一个最重要的标准，那就是充实的工作内容。

最重要的事，就是自己投入那个工作后，宝贵的青春时光会不会更加充实？这一点很大程度上取决于你是否对这份工作有兴趣。兴趣是取得事业成功的原动力，有了它，不仅工作上动力十足，内心充实，随着工作业绩而来的必然是高薪水，高福利。

2. 新手上路，请注意

人员流动较大是现代职场的一个重要特征，因此，在公司服务了一段时间的"前辈"们，总会面临迎接新人的场面。那么，该如何对待新人呢？

前辈迎接年轻新伙伴的心情是相当复杂的。若是女性，目睹男同事盯着新来的青春洋溢的美眉，眼睛闪闪发光，嫉妒之情油然而生；另一方面，想到自己"好好指导她们"时，也会由于不知从何下手，为自己没能好好用功，而后悔莫及。

基于这些矛盾的心态，有人会对新人说"不"，冷淡得掉冰碴儿，有人会教导新人无需学习的事，有人则倚老卖老。

而对新人而言，最需要了解的并非公司内部的人际关系，而是如何做好自己分内的事，以及公司对自己的要求。在这种关键时刻，倘若前辈们传授给他的全是低层次的知识，他的失望可想而知，工作情绪也会因而降到最低点。

3. 对手不是敌人

刚踏进公司就遭遇待遇差别，发现大家对你这个新人的态度若即若离，心中难免窝气。然而，这个阶段反抗是徒劳无益的，最好是先努力学习，具备公司所期待的职业形象后，再进一步在工作方面冲刺，凭借实力，让经营者刮目相看，认为你绝不比老职员差。这样积极进取的员工，才能最终走向成功。

因此，如何使对手的存在有益于自己，是你在职业生涯中非常重要的事。

4. 不是心眼多，而是心思灵活

某次，听一群男性上班族谈论哪种女性最符合办公室的需求。

有人主张美女最好，有人说可爱比较重要，也有人认为聪慧能干才是关键。七嘴八舌讨论了半天，最后大家一致同意"心思灵活"的女性最受欢迎。换句话说，就是反应灵敏，不需特别嘱咐，就能自行下判断的女性，她们同时也是善解人意，了解对方需求的人。

其实，这条原则同样适用于男性，你看老总身边的得力助手，哪一个不是头脑灵活，心思转得飞快的人呢？

职场，绝对是个很讲究学问的地方。把握得好，得意的日子就会不远于你，也许你曾经"看过道儿"，但只要记得吃一堑长一智留个心眼，一定不会跨入同一条错误的河流。

劳动与尊严

如果我们是用自己的劳动来换取美好的生活，那就没什么感到羞耻的，哪怕你只是赚到了一笔小钱儿，也应该欣喜异常。因为它是对劳动的认可，即使你腰缠万贯，也不能随随便便放弃这充满人性的尊严。否则，便不值得尊敬了。

从莫斯科到波良纳约有 200 千米，不算近了。可是有个旅者却很喜欢步行走过这段长长的旅途。他总是背着一个大背包，沿途与那些流浪的人结伴而行。

虽然，大家对这位旅者很熟悉，但是，没有一个人知道他的姓名与来历，只知道他是个喜欢步行的旅者。

这段路程要花 5 天的时间，旅者的食宿都在路上解决，或随便向农家借宿，偶尔他也会走进火车站，到三等车厢的候车室里歇息。

有一回，他又准备进入候车室里小歇，但是这时候候车室里挤满了人，于是他便到月台上走走，想等人少以后再进去休息。

就在这个时候，旅者忽然听见有人招呼他。

原来是车上的一位夫人在叫他："老头儿！老头儿！"

旅者连忙转身，看见有人朝他不停地招手，便上前去询问："夫人，请问有什么事吗？"

坐在火车上的太太着急地说："麻烦您，快到洗手间去，我把手提包遗落在那里了！"

旅者一听，连忙跑到洗手间寻找，幸好手提包还在，于是他连忙把它拿了出来。那位太太一见，非常开心地说："谢谢您了！这是给您的赏钱。"太太递给了旅者一枚五戈比的铜钱，而旅者也欣然接受。

旅者转身准备离去，就在这时，这位太太身边同行的旅伴却问："你知道你把钱给了谁吗？"

太太不解地看着她的伙伴，她的朋友带着惊喜的口吻说："他是《战争与和平》的作者——托尔斯泰啊！"

这位太太一听，吃惊地说："是吗？真的吗？天哪，我在做什么呢？托尔斯泰啊！看在上帝的份儿上，请原谅我的无知，请把那枚铜钱还给我吧！唉，我把它给了您，真是不好意思，哎呀，我的天，我是在做什么呢？"

旅者听见太太的呼喊声，便转过身，笑着说："您不必感到不安，您没做错任何事，这五戈比，是我自己赚来的，虽然只是那么一点点，但我一定要收下！"

火车鸣笛了，开始缓缓启动，虽然那位太太仍内疚地请求归还，然而，托尔斯泰却带着满脸微笑，目送着火车远去。

生活中的每一个小动作都有着无限意义，就像故事中的"五戈比"，是羞辱还是尊重的赏赐，施者与受者可以有不同的感受。

那么，这个赏金意义何在？

无论如何，对托尔斯泰来说，他用自己的劳动获得报酬，一切都合情合理，是值得他去觉得欣喜并感到骄傲的事情。他并不会因为这个区区的五戈比，而让劳动失去所应有的价值。因"付出"而"收获"是天经地义的事，只有那些不劳而获的乞讨者，才是可耻的。

　　我们不必因为小钱而感觉受辱，也不必把财富视为万能，因为，金钱的价值并不能用来衡量生命的价值。就像托尔斯泰一样，即使只有一枚小小的五戈比，他也认为那是自己的尊严，是值得自己去热爱的。如果你的感觉与正比恰恰相反，那么你的得到证实的，是你对劳动的曲解，是你对人生意义的误解。我们身边很多人，会认为一些事情与自己的才华相比较来真是太过"渺小"而不屑一顾，认为那是自贬身份。但没有人一开始就能坐在总经理宽敞豁亮的办公室里叱咤风云，也因此有了"奋斗"一词的产生。可是，我们永远不愿意脚踏实地地开步走，甚至连走投无路时去打个小工勉强糊口都不愿意。这真是大错特错了。劳动是伟大的，它的一端是价值，另一端就是品德。你多付出一点，就会多赚取一些，同时，品德也会随之增加。这难道不是很令人振奋的事情吗！

挖掘自己

　　你知道潜力是怎么回事吗？河水流过，你不是鲜活儿的鱼儿，也不是滋养生命的水藻，而只是一捧泥沙。你会为自己卑贱的身份而悲痛欲绝吗？不！如果你不断向下挖掘，不断积累深沉，也许就会发现奇迹的出现：你成了无比珍贵的制作精美的陶器的砂！

　　这里有我们每个人都应该去琢磨的一个故事。但是，它又不仅仅是一个故事而已。因为我们已经把全部的期望都放在上面，因为我们原本就很不起眼儿，因为我们都需要有人来指导一个方向，正确而光明的方向。

　　纽约里士满区有一所穷人学校，它是贝纳特牧师在经济大萧条时期创办的。1983 年，一位名叫普热罗夫的捷克籍法学博士，在做毕业论文时发现，50 年来，该校出来的学生在纽约警察局的犯罪记录最低。

为延长在美国的居住期，他突发奇想，上书纽约市市长布隆伯格，要求得到一笔市长基金，以便就这一课题深入开展调查。当时布隆伯格正因纽约的犯罪率居高不下受到选民的指责，于是很快就同意了普热罗夫的请求，给他提供了 1.5 万美元的经费。

普热罗夫凭借这笔钱，展开了漫长的调查活动。从 80 岁的老人到 7 岁的学童，从贝纳特牧师的亲属到在校的老师，凡是在该校学习和工作过的人，只要能打听到他们的住址或信箱，他都要给他们寄去一份调查表，问：圣·贝纳特学院教会了你什么？在将近 6 年的时间里，他共收到 3700 多份答卷。在这些答卷中，有一个令人无比惊奇的现象，那就是有 74% 的人回答，他们知道了一支铅笔有多少种用途。

普热罗夫本来的目的，并不是真的想搞清楚这些没有进过监狱的人到底在该校学了些什么，他的真实意图是以此拖延在美国的时间，以便找一份与法学有关的工作。然而，当他看到这份奇怪的答案时，他感受到了震惊并决定马上进行研究，哪怕报告出来后会被立即赶回捷克。

普热罗夫首先走访了纽约市最大的一家皮货商店的老板，老板说："是的，贝纳特牧师教会了我们一支铅笔有多少种用途。我们入学的第一篇作文就是这个题目。当初，我认为铅笔只有一种用途，那就是写字。谁知铅笔不仅能用来写字，必要时还能用来做尺子画线，还能作为礼品送人表示友爱；能当商品出售获得利润；铅笔的芯磨成粉后可作润滑粉；演出时也可临时用于化妆；削下的木屑可以做成装饰画；一支铅笔按相等的比例锯成若干份，可以做成一副象棋，可以当作玩具的轮子；在野外有险情时，铅笔抽掉芯还能被当作吸管喝石缝中的水；在遇到坏人时，削尖的铅笔还能作为自卫的武器……总之，一支铅笔有无数种用途。贝纳特牧师让我们这些穷人的孩子明白，有着眼睛、鼻子、耳朵、大脑和手脚的人更是有无数种用途，并且任何一种用途都足以使我们生存下去。我原来是个电车司机，后来失业了。现在，你看，我是一位皮货商，而且生活得很好。既然如此，我为什么还要去冒险犯罪呢？"

普热罗夫后来又采访了一些圣·贝纳特学院毕业的学生，发现无论贵贱，他们都有一份职业，并且都生活得非常乐观。而且，他们都能说出一支铅笔至少有 20 种用途。

普热罗夫再也按捺不住这一调查给他带来的兴奋。调查一结束，他就放弃了在美国寻找律师工作的想法，匆匆赶回国内。

后来，他成为捷克一家最大的网络公司的总裁。而这段经历却不是故事。

这个世界上没有一成不变的事物，无论你是伟大还是渺小，总是有自己独特的价值的。就像那支铅笔，你觉得只是用来书写那么简单吗？当然不。只要善于开发利用，除了自身最基本的功用外，还有很多其他的用途。同样道理，你也不仅仅是个头脑健全的"人"而已。你有一切可供创造的东西，比如语言，比如知识，比如品德，等等。只要善于自我挖掘和开发，一个人的发展潜力更是广阔和不可限量的，无论你想朝哪方面努力发展，只要肯努力，肯用心，肯吃苦就会得到几十年前或者几年前做梦时才会享受到的一切？而这些，只是让你去发展自己，多角度地去发现、实践，并且决不自暴自弃而已。所以你现在要做的最重要的就是挖掘你自己！

第二章

是飞鸟，就要寻找春天

有些事情对你来说，美则美矣，但总是萦绕着丝丝缕缕恼人的遗憾，幽怨着，心痛着。

曾经执着的努力，也许已让你变得高大而坚强。可回首风浪之中，那个不知畏惧的少年，看起来是柔弱而渺小的。

时间在历练，他在沧海桑田中毫不吝惜地施舍自己的智慧，等待人们来发现和拥有。

是的，你并不聪明，但却是有缘人。这一切，只因为拥有一颗踏实的心。

吹牛的禁忌

有人曾告诫过你不要胡乱吹牛皮吗？自吹自擂的人脑袋是迷糊的，心底是茫然的，出手是寒酸的。就像河鱼总是骄傲地说我住在世界上最大的河里，而鲸鱼则徜徉于无尽的深海。

吹牛皮绝对不是一个好的性格特点，可社会中却到处是吹牛的人，每个人多多少少都有些自吹自擂的癖好，好像不吹一吹，别人就看不起，自己心里那种痒痒无法挠息，直至吹牛变成一种令人讨厌的习惯。

自吹自擂也许一时一事一地可能会捞到好处，蒙别人一把，满足自己一下，可从长远来看，若养成信口开河、自吹自擂的习惯，那你必定招致周围人的讨厌，影响你事业的成功、做人的完美。

1. 自吹自擂的人在他人心中没有伤害。你总能出现在别人的话题里：某某的话不能信，十句有八句半是吹牛皮的，还有一句半是不兑现的。你在人们心目中是这样的印象，谁还会跟你合作、做你的朋友、相信你呢？

自吹自擂不但被人嘲笑挖苦，也会让自己变得一无是处。你在那儿吹得天花乱坠，唾沫星子四溅，可周围的听众要么打哈哈，要么揭破你的牛皮，要么在那儿看你的热闹，要么干脆走开。你这样的人在那些正经人的眼中，无异于人生舞台上的跳梁小丑，丑态百出，愚不可及。

2. 自吹自擂给自己招灾致祸。某男，在酒桌上多喝了几杯，便开始吹嘘自己如何如何能耐，简直有通天的本事，似乎无所不能。几位朋友说起生意上或事业上的难处，这位老兄便拍胸脯、打包票说："好说好说，事全包在老兄身上。"待酒一醒，才发觉他摊上了麻烦，自己根本没有能力帮人办事，也许找人能办事，可也得大费周折，求爷爷告奶奶。这牛吹得把自己都给绕进去了。帮不上忙，朋友面前多没面子，可真要帮忙，还确实是力不从心，怎么办？自然让家里大人孩子数落个不停。

自吹自擂确实是在现实中常见的通病。因为有本事的看不起没本事的，有钱人看不起没钱人，家境一般者若一点牛皮不吹，恐怕就只有灰头土脸不敢出来见人了。所以，一般来说，在社交场上，牛皮不可一点也不吹，有时候吹牛是一种策略，是一种进退之间的攻势或守势，但是要把握好分寸和力度，吹个聪明的给人看。

1. 吹牛皮别吹太大。有时候，为了活跃交际场合的气氛，给大家助兴，开开玩笑、吹吹牛，也没什么了不起，大家一笑置之，并不往心里去。记住，自吹自擂要适度，别吹得太大，如果你吹到云山雾罩，驴唇不对马嘴，油嘴滑舌，还卖弄才学，这就属于过度了。

2. 吹牛别让自己下不来台。自吹自擂最好别伤你的面子，也别伤大家的面子。鲁迅先生有一则笑话：一个绅士有钱有势，人们都以能和他攀上话说而引以为荣。有一天，一个爱吹牛皮的小瘪三跟别人吹牛说："四大人和我讲过话了。"别人问他，"跟你说什么？"小瘪三回答说："我站在他们门口，四大人出来了，对我说，滚开去！"

的确，吹牛本是为抬高自己的面子，如果吹得不适当，吹得愚蠢，反而有损自己形象，让你难以下得来台。

3. 吹牛格调还要高一些。有的人吹牛极其庸俗，比如捡黄色段子来吹。吹牛要有艺术性，文雅有涵养，吹得低级庸俗就没水平、无价值、降低身份，贬损自己的人格魅力。

4. 吹牛要因地、因人制宜。有些人吹牛不看对象、不分场合，比如面对

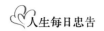

一些正经、严肃的人去吹，或者在一些重要的会议、谈判场合去吹，这样往往是自取其辱、自讨没趣，真的是招人嫌了。

对于自吹自擂这种不良的性格，我们应尽力去克服。主要的办法就是提升自己的知识面和经验，不要让没有意义的虚荣心害了自己，只要你变得自信、自尊起来你自然就不会再去自吹自擂了。

计划和变化的较量

死胡同不要乱闯，牛角尖不要乱钻。这世事原本变化无常，既明白这个道理，为什么还认准一件事情不撞南墙不回头呢？过日子没个计划无异于浪费人生，可是有了计划坚定不移地执行到底却也不见得就是聪明人干的事。"计划"，先有想后有做，干吗不订得灵活些？

你是否常常会有这种情况：一旦在脑海里形成了什么计划的话，就要马上去实行，怕夜长梦多。当然，有机会向梦想挺进是好的。然而，很多人在形成自己的计划之前考虑不周的地方往往太多，以至于有意外发生时，他们的行事方案往往受到影响，事务的延误给他们造成巨大的心理压力，他们常常因此而苦恼不已。

一位作家曾谈到过他对变通计划的一些看法。他说，自己通常喜欢在凌晨创作他的大部分作品。他一般会先拟订一个计划，赶在家里的其他人还没起床之前就完成其中的一两条。如果他4岁的小女儿有一天突然早起到书房来看他，他的计划当然会被打乱，他又是如何应付这种情况的呢？他通常在这种时候会将可以做的事提到前面来做——他也只能这样做。试想，如果一个人计划在去上班之前要先进行晨练，而他办公室突然打来紧急电话使他不得不改变计划时，他又该如何对待呢？所以，还是将计划订得灵活一点好。

在日常生活中，这样的例子不计其数——一些事情没有像我们预想的那样发生，致使我们不得不改变计划：你的朋友答应你的事却没有做到；你发现口袋里的钱并没有你原来计划的那么多；有人未经你的允许而打扰了你的午休；突然冒出来的什么事使你赴约的时间没有你预料中那么充裕……诸如此类的事情一旦发生，你正确的反应应该是：第一，坦然地接受事实，而不是一味抱怨甚至恼怒；第二，思考一下，想想哪件事情乃是当务之急，而其他事务则可延后。

由于计划改变而导致你的某些事情不能如期完成，你可不能以此为借口，认为处理不好是很自然的事，因而原谅自己的过失——这时，你应该想办法弥补。你应该认识到，造成这种过失的真正原因在于你错误地判断了自己"先做什么，后做什么"。再拿前面的例子来说，是严格地完成写作计划重要，还是陪一陪4岁的小女儿重要？不管怎样，你总得二者择其一——不可因"犹豫不决"而白白浪费掉30分钟时间而什么也不做。通常我们考虑的都是"到底什么更重要？是做当时该做的还是继续履行计划？或者将计划变通一下？"显然，如果你希望自己在这种情况下能镇定自若的话，那么你最好在订计划时就别做得过于死板，试着考虑一些你事先预想可能会遇到的情况并为其留足余地，使计划不至于一遇麻烦就付诸东流。事先将计划做得有一定变通性，对于很多人来说，都是帮助极大的。如果你在预想中允许存在这种变通性，则一旦有什么事突然发生了，你就可以平静地对自己说："这是预料中的事。"

还有，当你习惯于将计划做得很灵活时，你会发现生活中又有了许多美妙的事情：处理事务时你会觉得很轻松，用不着再多花气力。自然，你也用不着为浪费更多的时间和精力而苦闷不堪。当然，办事的灵活性不应成为你

拖拉懒散的借口，如果没有什么大的干扰，你就必须时刻告诫自己："我一定要在计划规定的时间内完成任务！"为此，你得对自己负责，千万不能对自己有所放松。这样，你既能妥善地处理同周围人的关系，又不用为自己计划的临时改变而揪心不已。最重要的是，当你本来打算的东西完工时，你不会因为自己曾为它耽误了许多事情而懊恼了！快乐的生活存于变化中。

聪明与智慧

有时候运用小聪明做事是很让人满足和快乐的，毕竟它至少证明了你比别人"有头脑"。可问题是，上帝会"大方"到一直抛给你这样的免费午餐吗？

一个人拥有智慧的头脑是值得骄傲的，但是聪明并不代表一切，聪明是天赋，是先天的优势，但是成功却等于1%的天赋加上99%的汗水。倘若你比他人有天赋，那说明你比他人离成功更近，你有更多的资本走上成功的捷径。这是件值得庆祝的幸运的事。但并不代表成功，如果仅仅想要依靠聪明天赋来成就一番事业，而不愿意脚踏实地、勤奋努力地做事，那即使有再高的天赋也是无用的，因为成功还必须有付出和努力。

聪明也并不代表智慧。很多人在不同的方面都有些小聪明，但真正有大智慧的人却寥寥无几。

因为真实的情况是，一个人如果把心思过多地用在小聪明上，他必定没有精力去开发和培植他的大智慧。聪明和智慧是两个不同的概念，智慧有益无害，聪明益害参半，把握得不好的小聪明则贻害无穷。

拥有太多小聪明的人，往往都用于追逐眼皮底下的急功近利，看不到长远的根本利益。相反，具有大智慧者很少会在众人面前炫耀自己的聪明才智，他们更不会自作聪明地干一些实际上愚蠢至极的事情。真正的聪明者不需要通过投机取巧来加以表现，自作聪明者常常反被自以为是的小聪明所累。

从前有个小男孩，非常聪明，但在长久的夸奖声中，他渐渐开始偷懒，想靠投机来获得成功。

这天，小男孩有幸和上帝进行了对话。

小男孩问上帝："一万年对你来说有多长？"

上帝回答说："像一分钟。"

小男孩又问上帝："100万元对你来说有多少？"

上帝回答说："相当一元。"

小男孩对上帝说："你能给我一元钱吗？"

上帝回答说："当然可以。请你稍候一分钟。"

一位哲人说过："投机取巧会导致盲目行事，脚踏实地则更容易成就未来。"

我们的成功需要智慧，更需要脚踏实地地付出。人要站得牢才能走得稳，投机取巧走捷径或许在一时能得到好处，但是因为没有厚实的基础，脚步太过轻快，导致的结果只会是在长途跋涉中落后于别人。作为一个渴望获得成功的人来说，我们的眼光永远看向前方，但是前进的道路却在我们脚下，只有实实在在地走好每一步，才能走得更远。

世界上绝顶聪明的人很少，绝对愚笨的人也不多，一般都具有普通的能力与智商。但是，为什么许多人都无法取得成功呢？

一个最重要的原因在于他们习惯于投机取巧，用小聪明来替代所必须付出的心血，不愿意付出与成功相应的努力。人们都懂得"宝剑锋从磨砺出，梅花香自苦寒来"的道理，可是一旦摊上自己做事，马上就又回复到"投机

取巧"的"捷径"上来了。

投机取巧会使人堕落，无所事事会令人退化，只有勤奋踏实地工作才是最高尚的，才能给人带来真正的幸福和乐趣。成功者的秘诀就在于他们能够摒弃"投机取巧"的坏习惯，无视那些小聪明，用自己的努力开创属于自己的辉煌。

下一站成功

滚滚人潮中，最容易迷失的就是自己。这并不是说找不到了回家的路，而是你穿着和别人一样的衣服，迈着和别人同样大小的步子，在同一条路线上，用两种表情走来走去，走来走去……

易卜生曾经说过："倘若你把整个世界弄到手，却丢了'自我'，那就等于把王冠扣在苦笑着的骷髅上。"世界上最可怕的事情就是迷失自我。一旦在盲从中失去了自我，无论如何是换不来幸福的。

在这里所说的迷失自我，换种说法叫从众效应。它是指个体受到群体的影响而怀疑、改变自己的观点、判断和行为等，以和他人保持一致。对于这种行为要求的依据或必要性缺乏认识与体验，跟随他人行动的现象，在日常生活中通常表现为"随大流"、"无主见"。在认知事物、判定是非的时候，多数人怎么看、怎么说，自己就跟着怎么看、怎么说，人云亦云；多数人做什么、怎么做，自己也跟着做什么、怎么做，缺乏独立思考的能力。

例如，你骑着自行车来到一个十字路口，看到红灯亮着，尽管你清楚地知道闯红灯是违反交通规则的，但是你发觉周围的骑车人都没有停车，而是对红灯视而不见往前闯，于是你犹豫了一下，也跟着大家一起闯红灯。要不过后肯定骂自己几千几万句"傻子"。

比如，你经过几天几夜的思考，获得了一个自以为很好的新想法。当你把这个想法告诉一位同事，那位同事说："你错了！"你又告诉第二位同事，第二位同事还是说："你错了！"于是，你告诉自己："大家都认为我是错的，看来我的确是错了。"

再比如，你与朋友们上街购物，在琳琅满目的商品中挑来拣去，你选中了一件自己喜欢的首饰，但朋友们普遍认为这件首饰不怎么好，不怎么适合你，而且太贵等等，罗列了一大堆意见。迫于多数人这种"无形的意见压力"，你最终放弃了自己的意见。典型的乘兴而去，败兴而归。这些都是丢失了自我的盲从。

在生活中，经常听到这样的广告：你买我买大家买。一片轰轰烈烈。既然"大家"都买了，如果我还不动手，岂不是要与时尚脱钩了？殊不知，正是这一味盲目地从众，却扼杀一个人的积极性、判断力和创造力。曾听到过这样一种论断："一项新事业，在 10 个人当中有一两个人赞成就可以开始了；有 5 个人赞成时，就已经迟了一步；如果有七八个人赞成，那就为时太晚了。"一个缺乏主见和个性的人注定不会获得多么惊人的成功，至多随大流地获得一些小利益罢了。

牛津大学教授马蒂亚斯·夏尔曼也曾经说过："我们不是培养绵羊，而是培养有高度个性的人，这些人今后无论在什么形势下，都能做出正确的选择。"而这些选择的出现，证实了人要以他独特的标志开始耕耘属于自己的人生。

盲从，还会引发一个人敢不敢重用自己的问题，它的答案对大众、对权威的挑战性活动、对一个人的事业起决定作用，而智力的高低、学业的优劣仅在其次。为什么有些在学生时代学习成绩优秀的学生，走上社会以后反而

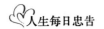

不如成绩中等的学生更有建树？原因往往是前者不如后者能更好地重用自己。他们在社会上丢失了方向，混入人际，迷失了自己。

敢于重用自己，终究必有大成。心理学研究表明：人的潜能是无限的，大有越开发越丰富之势，敢于重用自己的人，总是努力开发自己的潜能去完成其高远的目标，虽然他在实现目标的过程中，常常会遭受一些挫折和失败，但他从挫折和失败中学到的东西，比从成功和顺利中学到的东西还要多。每一次的挫折和失败都是向成功迈进了一大步，所以他终必有大成。

也许成功就是在这样与人们开着玩笑，它挑选特立独行者，是欣赏他们敢与天公试比高的勇敢精神和不随风乱晃的硬骨头吧。

细节之美

人们常说"魔鬼藏于细节"。而事实上，全心全意喜欢与这个"魔鬼"共同生活的人，往往在举手投足之间，都散发着浓郁诱人的魅力和典雅圣洁的光辉，如同那一朵选择白雪来点缀自己高雅美丽的幽蓝色的雪莲。

20世纪世界最伟大的建筑师之一密斯·凡·德罗，在被要求用一句话来描述他成功的原因时，他也是只说了五个字："成功在于细节。"他反复地强调如果对细节的把握不到位，无论你的建筑设计方案如何恢宏大气，在上面花费了多少心思都不能称之为成功的作品，就因为瑕疵的存在。老子也曾说过"天下难事，必作于易；天下大事，必作于细"，同样告诉我们细节的重要用途。在这个世界上，生活的一切原本都是由细节构成的，如果一切归于有序，决定成败的必将是微若沙砾的细节，细节的竞争才是最终和最高的竞争层面。

"泰山不拒细壤，故能成其高；江海不择细流，故能就其深。"所以，大礼不辞小让，细节决定成败是一个神话般的真理。在中国，想做大事的人很多，但愿意把小事做细的人很少；我们不缺少雄韬伟略的战略家，缺少的是精益求精的执行者；我们不缺少各类管理规章制度，缺少的是规章条款不折不扣地执行。我们必须改变心浮气躁、浅尝辄止的毛病，提倡注重细节、把小事做细。

在当今社会，关注细节始终被反复强调，但是由于长久以来"抓大事，放小事"的做法，让许多人忽略了细节的重要性，养成了只关注大事，而忽略细节的坏习惯。甚至更多人对小事、对细节不以为然，认为只要抓住一些主要问题，这些细枝末节都没有必要计较。

但是，千里之堤，毁于蚁穴。许多时候，恰恰是看似与结果毫无关系的细节，决定了事物的成败。我们可以将细节比喻成精密仪器上的一个细微的零部件，虽然只是一个细小的组成部分，却起着重要的作用，一旦这个"零部件"出错，那就意味着全盘皆输。

在日本，河豚加工程序是十分严格的，一名上岗的河豚厨师至少要接受两年的严格培训，考试合格以后才能领取执照，开张营业。在实际操作中，每条河豚的加工去毒需要经过30道工序，一个熟练厨师也要花20分钟才能完成。但在中国，加工河豚就跟做其他海鲜一样，加工过程随随便便，烹饪过程也没有经过太多的工序，其后果可想而知。

我国前些年澳星发射失败就是细节问题：在配电器上多了一块0.15毫米的铝物质，正是这一点点铝物质导致澳星爆炸。

国际名牌POLO皮包凭着"一英寸之间一定缝满八针"的细致规格，20多年立于不败之地。

微软公司投入几十亿美元来改进开发每一个新版本，就是要确保多方面

细节上的优势，不给竞争者以可乘之机。只要保证产品在一比一的竞争中能够获胜，那么整个市场绝对优势就形成了，因而对于细节的改进是非常合算的。

著名的瑞士 Swatch 手表的目标就是在手表的每一个细微处展现自己的精致、时尚、艺术、人性。此外，随着季节变化，Swatch 不断地变化着主题。针盘、时针、分针、表带、扣环……无一不是 Swatch 的创意源泉。它力图在手表这样一个狭小的空间里，每一个意念都得到最完美的阐释。Swatch 尤其受到年轻人的拥护，其每一款图像、色彩，在每一个细微处，都暗含年轻与个性的密码，或许这就是它风靡市场的原因。

细节是一种创造，细节是一种修养，细节是一种艺术，细节更是一种实力和领导力的体现。

或许细节的竞争从来不会叱咤风云，也不会立竿见影，但却如春风化雨润物无声，一点一滴的关爱、丝丝入扣的服务，都将铸就细节之美，体现细节的无穷魅力。重视细节的完美是为别人，也是为自己。

说谎者的伎俩

由于你的善良，你上当了；由于你的无知，你受骗了；由于你的轻信，你翻船了……生活中有形形色色的骗子，他们以骗为生并且技艺娴熟，对此，任何人都无能为力。但不管何时你都要做到严守自己，不要被行骗者的外表所迷惑。

一天下午，道森先生正在办公室工作，门铃响了起来。他那只漂亮的大麦平犬像往常一样热情吠叫起来，直冲向前门。

道森先生从楼梯顶部望过去，还以为是他的外孙来了。打开门，眼前站着一位窈窕淑女，有一头映得人眼睛疼的金发。

她笑容可掬、极为热情地告诉道森先生说，她是应他隔壁邻居的建议来的。她介绍自己是某慈善机构的代表，来推销儿童杂志的，以赢得去伦敦的旅游。她说，大家购买的杂志，将由慈善机构捐赠给儿童医院。还说，现在每个家庭的杂志多得看不完，不如为医院里的孩子们做点好事。

道森先生请她进屋解释一下她的用意。坦率地说，杂志的种类太多了，她真说不上哪些杂志适合孩子们阅读。于是他问她，所出售的杂志在内容上是否关注伦理道德，并以信仰为根基。她向道森先生保证说，这些杂志是经过仔细挑选的，绝对符合他所说的标准，并分类提供给孩子们。

道森先生觉得价格有点高，但由于是在做好事，就表示同意了。那个女孩子正在纸上登记的时候，他的妻子回来了。幸而，她不像道森先生那样轻信人言，便开始询问她一些问题。女孩解释说自己是某某的女儿，某某是他们隔壁邻居的朋友，隔壁邻居因为知道他们爱孩子，所以建议她过来。妻子又问了她几个问题，然后说"可以"，就在支票上签了字。随后，凭借着"女人的直觉"，妻子觉得这件事有点不对劲，就给隔壁邻居打去电话。邻居对她说，那位女孩子曾声称是他们派她去他们家的。这下一切都真相大白了！这还算是轻的，还好损失不多。

一般人都会从经验得知，人要是在一件事情上说谎，就可能在其他事情上也说谎，这不是什么值得快乐的好事情。

事后道森先生说，他真希望能有机会再见到那女孩，告诉她，她正走在一条危险的道路上，她永远不会在欺骗、说谎、误导和盗窃中得到安宁，也不可能获得长久的成功。他会警告她，一次行骗会引发多次行骗，她必须时时处处提防，而且不利于在声誉良好的机构里立足。他还会正告她，这样的

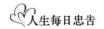

生活方式，她将无法得到美满幸福的婚姻。

虽然被骗后大多人的结局都是无疾而终，不了了之。但是，被骗一次就得长个记性，提醒自己要谨慎起来，一个人外表漂亮、说话得体，并不能证明他的人品就好，应当根据他的人品判断某件事情的可信度。而对人品的了解，是需要时间的。最后一句话：不要轻信任何人。

勤的本质

勤劳是最朴素的美德，而唯有脚踏实地才能使之正确地开启成功的大门。

比尔·盖茨说："你能够使成功成为你生活中的组成部分，你能够使昨日的理想成为今天的现实。但是，靠愿望和祈祷是不行的，必须动手去做才能让你的理想实现。天下没有免费的午餐。"

有一位名叫西尔维亚的美国女孩，她的父亲是波士顿有名的整形外科医生，母亲在一家声誉很高的大学担任教授。她的家庭对她有很大的帮助和支持，她完全有机会实现自己的理想。她从念中学的时候起，就一直梦寐以求当上电视节目的主持人。她觉得自己具有这方面的才干，因为每当她和别人相处时，即便是生人也都愿意亲近她并和她长谈。她知道怎样从人家嘴里掏出心里话。她的朋友们称她是他们的"亲密的随身精神医生"。她自己常说："只要有人愿给我一次上电视的机会，我相信我一定能成功。"

但是，她为达到这个理想而做了些什么呢？她什么也没做，而在等待奇迹出现，希望有朝一日能够被哪位台长发现邀请她去加盟，一下子就当上电视节目的主持人。

西尔维亚不切实际地期待着，结果什么变化都没有发生。

谁也不会请一个毫无经验的人去担任电视节目主持人。而且，节目的主管也没有兴趣跑到外面去搜寻人，相反都是别人去找他们。

另一个名叫艾拉的女孩却实现了西尔维亚的理想，成了著名的电视节目主持人。艾拉并没有白白地等待机会出现。她不像西尔维亚那样有可靠的经济来源，所以不得不白天去打工，晚上在大学的舞台艺术系上夜校。毕业之后，她开始谋职，跑遍了洛杉矶每一个广播电台和电视台。但是，每一个地方的经理对她的答复都差不多："不是已经有几年经验的人，我们不会雇用的。"

但是，她不愿意退缩，也没有等待机会，而是走出去寻找机会。她一连几个月仔细阅读广播电视方面的杂志，最后终于看到一则招聘广告，北达科他州有一家很小的电视台招聘一名预报天气的女主持人。

艾拉是加州人，不喜欢北方。但是，有没有阳光，是不是下雪都没有关系，她只是希望找到一份和电视有关的职业，干什么都行！她抓住这个工作机会，动身到北达科他州。

艾拉在那里工作了两年，最后在洛杉矶的电视台找到了一个工作。又过了 5 年，她终于得到提升，成为她梦想已久的节目主持人。西尔维亚那种失败者的思路和艾拉的成功者的观点正好背道而驰。她们的分歧点就在于，西尔维亚在 10 年当中，一直停留在幻想上，坐等机会，期望时来运转，然而，时间并不愿意给这位期盼能够不劳而获者带来点什么。而艾拉则是采取行动。首先，她充实了自己；然后，在北达科他州受到了训练；接着，在洛杉矶积累了比较多的经验；最后，终于实现了理想。就这样，她脚踏实地，在付出了时间和心血后，终于得到自己人生的成功。原本应该是件很简单的事情，可惜当我们在迈出第一步的时候总是显得异常的艰难。可是成功绝对不

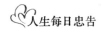

是"等"出来的，能召唤出它的使者，叫做勤，希望不要放弃上天赐予你的忠实仆人。

莫揭人伤疤

有人说话，牙尖齿利，吐出来的字句，像一把刀子似的直扎人心。也许他不觉得自己有什么过失，反而以自己的"直梗"性子引以为荣。其实，这完全是一种愚蠢的做法。

在交际场上，人们常会碰到这类情况，讲了一句外行话，念错了一个字，搞错了一个人的名字，被人抢白了两句等等。这种情况，对方本已十分尴尬，生怕更多的人知道。你如果作为知情者，一般说来，只要这种失误无关大局，就不必大加张扬，故意搞得人人皆知，更不要抱着幸灾乐祸的态度，以为"这下可抓住你的笑柄啦"，来个小题大做，拿人家的失误来做取笑的笑料。因为这样做不仅对事情的成功无益，而且由于伤害了对方的自尊心，你将结下怨敌。同时，也有损于你自己的个人形象，人们会认为你是个刻薄饶舌的人，会对你反感、有戒心，因而敬而远之。所以，不要故意渲染他人的失误。

有些事情，对方认为不能做，而你认为应该做；或者对于某事，你是箭在弦上，不得不发，而他却又认为不该做，或做不了。这时你不要把自己的意见强加到他肩上。强人所难，是不礼貌、不明智的。有的人说话时旁若无人、滔滔不绝，不看别人脸色，不看时机场合，只管满足自己的表现欲，这是修养差的表现。说话应注意对方的反应，不断调整自己的情绪和讲话内容，使谈话更有意思，更为融洽。强人所难和不见机行事都是应当避免的。

你必须注意，即使是一个很好的题材，说时也要适可而止，不可拖得太长，否则会令人疲倦。说完一个话题之后，若不能引起对方发言，或必须仍由你支撑局面，就要另找新鲜题材，如此才能把对方的兴趣维持下去。这样，你的谈话才算得上是成功的。而成功的谈话则是你事业兴旺的开始。所以，你能让自己不去全身心地关注它吗？

低头的哲理

若在未发迹之时，在人屋檐下，定要低头。否则不但会撞破脑袋，还会让人家怪你脏了地板，把你赶出来。

《红楼梦》里的林黛玉，自认为"不敢多行一步路，不敢多说一句话"，这就是人在屋檐下，一定要低头的道理。一个人暂时处于劣势，靠着别人生活，还要飞扬跋扈，岂不很讨人嫌。在人屋檐下，一定要低头，是明哲保身的"心机"。

所谓的"屋檐"，说明白些，就是别人的势力范围，换句话说，只要你在这势力范围之中，并且靠这势力生存，那么你就在别人的屋檐下了。这屋檐有的很高，任何人都可抬头站着，但这种屋檐极其罕见，以"非我族类，何入我们的排斥观点看，大部分的屋檐都是非常低的！也就是说，进入别人的势力范围时，你会受到很多有意无意地排斥和限制，不知从何而来的欺压，这种情形在你的一生当中，至少会发生一次以上。除非你有自己的一片天空，是个强人，不用靠别人来过日子。

"一定要低头"，有非常多的好处：不会因为不情愿低头而碰破了头；因

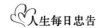

为你很自然地就低下了头，而不致成为明显的目标；不会因为沉不住气而想把"屋檐"拆了。要知道，不管拆得掉拆不掉，你总要受伤的，因为老祖宗早就有"伤敌一千，自损八百"的古训。不会因为脖子太酸，忍受不了而离开能够躲风避雨的"屋檐"。离开不是不可以，但要去哪里？这是必须考虑的。而且离开想再回来，那是很不容易的。在"屋檐"下待久了，就有可能成为屋内的一员，甚至还有可能把屋内人赶出来，自己当主人。

在中国历史上，政治斗争、军事斗争极其复杂，有时更是瞬息万变，忍受暂时的屈辱，厚脸低头磨炼自己的意志，寻找合适的机会，也就成了一个成功者所必不可少的心理素质。所谓"尺蠖之曲，以求伸也，龙蛇之蛰，以求存也"正是这个意思。西汉时期的韩信忍胯下之辱正是这种"一定要低头"的最好体现。因为他不低头就把自己弄到和地痞无赖同等的地步，奋起还击，闹出人命吃官司不说，很可能赔上一条小命。

另一种更高层次上的"一定要低头"，是有意识地主动消隐一个阶段，借这一阶段来了解各方面的情况，消除各方面的隐患，为将来的大举行动做好前期的准备工作。

隋朝的时候，隋炀帝十分残暴，各地农民起义风起云涌，隋朝的许多官员也纷纷倒戈，转向农民起义军，因此，隋炀帝的疑心很重，对朝中大臣，尤其是外藩重臣，更是易起疑心。唐国公李渊（即唐太祖）曾多次担任中央和地方官，所到之处，悉心结纳当地的英雄豪杰，多方树立恩德，因而声望很高，许多人都来归附。这样，大家都替他担心，怕遭到隋炀帝的猜忌。正在这时，隋炀帝下诏让李渊到他的行宫去晋见。李渊因病未能前往，隋炀帝很不高兴，多少有点猜疑之心。当时，李渊的外甥女王氏是隋炀帝的妃子，隋炀帝向她问起李渊未来朝见的原因，王氏回答说是因为病了，隋炀帝又问道："会死吗？"

王氏把这消息传给了李渊，李渊更加谨慎起来。他知道迟早会为隋炀帝所不容，但过早起事又力量不足，只好缩头隐忍，等待时机。于是，他故意广纳贿赂，败坏自己的名声，整天沉湎于酒色，而且大肆张扬。隋炀帝听到这些，果然放松了对他的警惕。

试想，如果当初李渊不低头，或者头低得稍微有点勉强，很可能就被正猜疑他的隋炀帝杨广送上了断头台，哪里还会有后来的太原起兵和大唐帝国的建立。

偏偏有人不明白这个道理，无论身在何处，都想显摆自己的与众不同和王者风范，结果不是自取其辱就是两败俱伤。你实在该学学刘备，在匹夫吕布嚣张时暂且忍一忍，早晚还不是把他收拾了？不必在意这一时。

舍得为别人“下功夫”

“通晓事理”有的时候会变成“圆滑世故”。也许明白得太多，太讲究“礼尚往来”，所以人家央你的事情，你也就三个字“拿利来”予以回应。殊不知，这种狡黠的习惯是不好的。做人，还是要厚道，因为成功也喜欢这类敦厚温和的人。

相信很多人都知道管仲和鲍叔牙的故事。管仲和鲍叔牙是一对朋友，但在他们两个人当中，有些东西却显得很不平衡。

在打仗的时候，管仲躲在后边，鲍叔牙为他解脱说是因为家中有年迈的老母亲，并非贪生怕死。做生意时，管仲多分钱，鲍叔牙体谅他是因为家中生活贫困。而当齐桓公要杀管仲的时候，鲍叔牙则力陈他的种种优点。管仲成了历史上一个伟大的人物，但这其中鲍叔牙的功劳是不可忽视的。

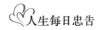

在管仲与鲍叔牙之间，鲍叔牙对管仲的付出无疑要比管仲对鲍叔牙付出得多，那这样鲍叔牙岂不是亏了吗？他怎么就没有为此耿耿于怀，反而还多次为管仲说好话呢？

这是因为鲍叔牙懂得与人、与朋友交往中最重要的一点是什么。那就是谅解，是将心比心，而不是拿自己的付出来要求对方的回报。

然而，在我们的现实生活中，真正能够做到这一点的人却实在太少了。许多人都要拿自己的付出来要求对方的回报，甚至是在自己不付出的时候。而且这种回报等值的还不满足，还想着要有更多的回报。

这是由社会的某些现实决定的，在很大程度上，人与人的交往都演变成了一种交易，而人也是在利用别人的同时被别人利用着。这就注定使人形成一种观念和意识：我付出就一定要有获得，否则绝对不会付出。每个人都不想自己吃一点点小亏。

其实，吃一点小亏又如何呢？尤其是与自己熟悉的人之间。丁是丁，卯是卯，分毫必争，这样只会加速彼此关系瓦解的速度。

让自己学得豁达一点，开阔一点，时常为同事或朋友做一点付出，不仅会使你自己的心胸变得宽阔，减少许多不必要的误解与猜疑，同时，还会给他人留下一个好印象，说你这个人比较大气，有人缘，在与人交往中，人们当然会选择比较宽容的人。这样，你的好人缘岂不是就建立起来了？与人交往办事不也会变得方便、顺利很多吗？

与人交往，固然也存在着交易、想从对方身上获得一些对自己有利的因素这一方面。但排除掉这些，还有更重要的，那就是作为一种精神和心灵上的依托和安慰。这时候，你还要算计付出与获得之间是否守恒吗？

交真心的朋友，不是做生意，更不是可以用计算器计算一下，或是放到秤盘上称一下，到底多少钱一斤，值不值得花时间与精力同对方交往下去。如果人变成这样，不仅卑俗而且悲哀了。

有很多人缘好，并且最后取得一定成就的人，都曾吃过不少亏。他们是在吃过了亏以后，才逐渐有了好的人缘、成功的事业的。也可以说，正是由于他们当初吃得起亏，才有了后来的一切。

谁都不是冷血动物，即使他的心肠再硬再黑，他也会有温情的那一面，对于你的付出，他也会心存不安，他心存不安，就会寻求报答。他之所以有这种行为，是在你的感召之下形成的。如果你能这样去感召你周围所有的人，那么你所拥有的就不仅仅是好人缘了，而是做人的信条。你会受到他人的尊敬、爱戴，他人都会以你为核心，团结在你的周围，那时候，你还有什么事情办不成的呢？

最有效的夸奖

夸奖是需要技巧的一项活动，在他人面前把他夸得天花乱坠不是尊敬，而是一种奉承拍马，即使是愚笨的人也不可能看不出来。最有效的夸奖是在背后悄悄进行，这才是"彼时无招胜有招"的最高境界。

罗斯福的一个副官，名叫布德，他对颂扬和恭维，曾有过出色而有益的见解：背后颂扬别人的优点，比当面恭维更为有效。

在人背后颂扬人，这个方法，在各种恭维的方法中，要算是最使人高兴，也最有效果的了。布德本人正是通过这种技巧来取得信任的。

有一群罗斯福的追随者，觉得罗斯福好像从来不会犯错。布德称他们为"疯狂的摇尾者"。那种人嘴里永远不断地说着"真令人敬佩"、"这还不值得惊讶吗"、"多超凡出众呀"这一类的话。

布德十分钦佩罗斯福，但是他绝不当面用很做作的方式来恭维罗斯福。然而却没有几个人，能比他更获得罗斯福的信任。

当然，对于不了解的人，最好先不要深谈。要等到你找到他所喜欢的是哪一种赞扬，才可进一步交谈。

最重要的是，不要随便恭维别人，有的人不吃这一套。

如果有人告诉我们：某某人在我们背后说了许多关于我们的好话，我们会不高兴吗？这种赞语，如果当着我们的面说给我们听，或许反而会使我们感到虚假，或者疑心他不是诚心的。为什么间接听来的，便觉得非常悦耳呢？因为那是发自内心的赞语。

德国的铁血宰相俾斯麦，为了要拉拢一个敌视他的属员，他便有计划地在别人面前赞扬这个部属，他知道那些人听了以后，一定会把他所说的话传给那个部属。

恭维话还要坦诚得体，必须说中对方的长处。

无论如何，人总是喜欢别人夸赞的。有时，即使明知对方讲的是奉承话，心中还是免不了会沾沾自喜，这是人性的弱点。换句话说，一个人受到别人的夸赞，绝不会觉得厌恶，除非对方说得太离谱了。

夸赞别人的首要条件，是要有一份发自内心的真诚及认真的态度。言词会反映一个人的心理，因而有口无心，或是轻率的说话态度，很容易被对方误解，并产生不快的感觉。

俗话说："世上没有十全十美的人。"一个人不可能只有缺点，而没有长处。找出对方的优点与之相处，一定能得到很完美的结果，也就是说，多多夸奖对方的优点，这样做了之后，你可以多得一个朋友，同时增加你的机会，这只有好处，没有坏处。

在背后夸奖别人绝对是很重要的技巧，它直接参与着受夸者对你的评价和定位。所以，你现在马上要学会它。

别人私事你不问

喜欢追问人家私事的人无异于鼹鼠在打洞，在掘开了别人的秘密的时候将自己也暴露了出来。

在这个世界上有些人喜欢多管闲事，包括你、我，对于与自己无关的事，哪怕是关于猫儿的也喜欢追问到底；有时可能是基于善意的关怀，但大多数时候还是抱着一种恶意的心态的，比如幸灾乐祸，比如欲传播小道消息等等。但是，大多数时候却也是满足自己的好奇心。其实，适当的关心，会令人觉得舒心，但若整天喋喋不休、飞短流长，以贩卖别人隐私为乐也确实令人厌恶。这种看似微不足道的事往往具有不可估量的杀伤力。

人到了一定年龄而不结婚，似乎变成大家的"饭后余资"常有人"关心"，甚至"严重关切"。遇到认识的人时，总会被问道："怎么还不结婚？""什么时候请喝喜酒啊？"被问多了、问烦了，兰先生的答案一律是——"2008吧！我大概就会结婚。"

没结婚，实在是个人的问题，但是很多人却表现出"极度关心"的态度，其实他们自己的婚姻也未必就好到哪里去。然而有的人还偷偷打听，"他长得也不错，怎么还不结婚？是不是有什么问题，有什么毛病？"害得兰先生父母真的问他，儿啊，你是不是"生理"有啥毛病？

最近问他"怎么还不结婚的人"越来越多，他烦了，只好回答他们："因为我的屁股上长了一个胎记！"

"你的屁股上长了一个胎记？那跟你不结婚有什么关系？"

他说："是啊，那我不结婚跟你有什么关系？"

唉，怎么会有那么多人爱管闲事，管人家爱不爱结婚呢？

系里的学生对主任还没结婚，也颇为关心，虽然他们不敢直接问他"怎

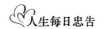

么还不结婚"，但是也以其他方式来表达"关怀之意"。有一天，系里布告栏上出现一份大海报，上面写着"诚征师母一名"斗大字体，另外还有"师母"的待遇与条件：

"一、月收入数十万，二、工作轻松，三、免经验，四、男女不拘！"

呵，"免经验"当然好啦，但竟强调"男女不拘"，难怪没有人来"应征"。

学生的调皮"创意"，令人觉得十分可爱、好玩又有趣，本来"口语传播系"的学生就应该活泼、敢表达；但是假如有人经常唠叨："怎么还不结婚"，就叫人生厌。古人云："多言取厌、虚言取薄、轻言取侮"，尤其是有关别人"结不结婚"的私事时，过分的关心、多言，总不是令人愉悦的事。而且，你如果被别人"关心"了，恐怕日子会过得相当郁闷了。将心比心，对于他人的私事，还是不要过问的好。这不仅能显出一个人的品质，更有可能让你与"受害人"成为朋友呢，成为知己啊，岂不快哉！

不可忘却的责任

"责任"是个具体的话题，不容易被一一道来。但是，当你意识到不可以在马路上扔一个小纸片，在公车上让座给老人们的时候，你的身上会因为承担起了责任而透射出光辉。

米兰·昆德拉说："一个人身上的担子越重，就越能感受到生活的充实与快乐。"任何人注定都要承担一部分责任，创造一部分价值，担起生命的重担。事实证明，担子越重，脚印越深；脚印越深，步子越稳。这样，做起事情来才有质量，因为任何一个健康的人都大有潜力可挖。

一个人觉得生活越来越沉重，便去向哲人寻求解脱之法。

哲人给他一个篓子让他背在肩上，指着一条砂石路说："你每走一步就捡一块石头放进去，看看有什么感觉。"过了一会儿，那人走到了路的尽头儿，哲人问他有什么感觉。那人说："越来越觉得沉重。"

哲人说："每个人来到这个世界上的时候，都背着一个空篓子，在人生的路上每走一步，都要从这个世界上捡一样东西放进去，所以就会有越走越累的感觉。"那人问："有什么办法可以减轻这种沉重吗？"

哲人问他："那么你愿意把爱情、工作、友谊、家庭哪一样拿出来呢？"那人沉默不语。哲人说："我们每个人的篓子里装的不仅仅是精心从这个世界上寻找来的东西，还有责任。当你感到沉重时，也许你应该庆幸自己不是另外一个人，因为他的篓子可能比你的大多了，也沉多了。"

伦敦有个蜡像馆，陈列的都是世界各国伟人、名人的蜡像，其制作之精巧，完全能达到以假乱真的地步。大约 100 年以前，这里曾经陈列过林则徐的蜡像，而且陈列的时间相当长。对于这样一位中英鸦片战争中的抵抗派首领，英国人民也很敬重他，以至于在他死后不久，就替他制作了蜡像，长期陈列，供人瞻仰。这其中原因固然很多，但至少说明了两点：

正义的事业总是得人心的；对自己的国家充满责任感的人总是受人尊敬的。

松下也是一个有责任感的人。他强烈的责任感缘于一件小事：有一天，正值盛夏，松下看见有人在陌生人家的自来水龙头下拼命地喝水，他遂有了一种责任感，希望做出像自来水一样廉价的商品，丰富人类的生活。而这种责任感改变了他，使他成了企业家，因此开拓了自己的人生。

松下发现的水道哲学，现在早已成为松下电器和松下研究所的精神。松下研究所的名称是 PHP，第一个 P 是 Peace，代表和平；第二字母 H 是 Happiness，代表幸福；最后一个 P 是 Prosperity，代表繁荣。和平、幸福、

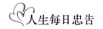

繁荣是松下毕生的追求和希望。

人生活在这个世上，就必须承担属于他的责任，履行属于他的义务。

负责任的人是成熟的人，负责任、尽义务是成熟的标志。责任感是一个伟大的人的灵魂，没有了责任，那一切都只是空谈。责任感反映了一个人的精神境界。有责任感的人，在家庭生活中毫无怨言地挑起最重的担子；在社会生活中，对袖手旁观和负重前行，总是毫不犹豫地选择后者。这些人，最终使自己变成了家庭和事业中的佼佼者，并且享受着责任带来的一切快乐。

第三章

走向梦想的天堂

　　人生道路上，你发现很多，却失去很多。这并不能说是一种过错，因为，在辛苦中总是需要能带给你温暖的美丽烟花，哪怕是转瞬即逝。

　　有时候，刻苦并不是最真实的，微弱并不是最渺小的，留恋并不是最怯懦的，绝境并不是最痛苦的，缺陷并不是最可笑的，抉择并不是最无奈的。

　　有时候，花并不是最娇艳的，雾也并不是最恼人的，命运并不是已注定的。

　　一切，都不过是场看起来比较混乱的错误，你可以将它们重新排好。

礼仪之美

"修身、齐家、治国、平天下"这九个字几乎道尽了所有有志之士的毕生梦想。准备攀越人生高峰的人们过的第一关就是修身。它不仅仅说的是你要学富五车，更重要的是要修得君子之风。唯有如此，才会让人们心悦诚服地敬佩你光彩的未来。

孟子说，不以规矩，不成方圆。这里的"规矩"，既是指各式各样的规章制度，又可以引申为共同的道德规范——礼仪。总之，都是约束人的行为。

礼仪，是在社交场合中，以一定的、约定俗成的程序、方式来表现的律己、敬人的过程，它涉及穿着、行为、语言等方面，对一个人的人际交往、沟通、情商都有着重要的影响。

礼仪这个问题是人们从小就自觉明白的，甚至可以说是一种"天性"。无论是否有机会接受良好的教育，无论你的社会地位高低或财富多少，几乎都不会放过华饰美服。而这些都属于礼仪的一部分。比如市侩，庸俗者，如《红楼梦》中的不起眼的小丑金荣家里省下的几十两银子，也都贡献给做"鲜明衣裳"的服装店了。为什么，只为让人家看起来有"品位"！对于上进的学子，无论你的志向有多远大，只要你想要成功，你就应该要求自己开始注意起一些生活中看起来琐碎的小事。说一句简单的"谢谢"，对任何一位服务员都给以友好的称赞，即使服务是有偿的；由于你给他人带来了不便和打扰，真诚地说一声"对不起"；设身处地站在别人的立场来看待问题，考虑别人的感受；耐心倾听别人的谈话，对其谈话内容表现出兴趣。这些都是我们通常所说的礼貌，都是我们应该做到的。

良好的礼仪本身就是财富。举止优雅的人离开了金钱也能够成功，秘密就在于他们拥有世界各地最受欢迎的"通行证"——礼仪。所有的大门都向他们敞开，所有的人都欢迎他们。为什么呢？就因为他们带去了光明、阳光和尊重。

一个阴云密布的午后，大雨突然间倾泻而下，一位浑身湿淋淋的老妇，走进费城百货商店。看着她狼狈的样子和简朴的衣裙，所有的售货员都对她不理不睬。

只有一位年轻人走上前去，面带微笑而又友善地对她说："夫人，我能为您做点什么吗？"

老妇脸红了，随即莞尔一笑："不用了，我在这儿躲会儿雨，马上就走。"

但是，她的脸上明显露出不安的神色，因为雨水不断从她的脚边淌到门口的地毯上。

正当她无所适从时，那个小伙子又走过来了，他礼貌地说："夫人，您一定有点累，我给您搬一把椅子放在门口，您坐着休息一会吧！"两个小时后，雨过天晴，老妇人向那个年轻人道了谢，并向他要了一张名片，然后就消失在人流里。

几个月后，费城百货公司的总经理詹姆斯收到一封信，信中指名要求这位年轻人前往苏格兰，收取一份装潢材料订单，并让他负责几个家族公司下一季度办公用品的供应。詹姆斯震惊不已，匆匆一算，只这一封信带来的利益，就相当于他们两年的利润总和。

当他以最快的速度与写信人取得联系后，方知她正是美国亿万富翁"钢铁大王"卡耐基的母亲——就是几月前曾在费城百货商店躲雨的那位老太太。

詹姆斯马上把这位叫菲利的年轻人推荐到公司董事会上，当菲利收拾好行李准备去苏格兰时，他已经是这家百货公司的合伙人了。那年，菲利22岁。

不久，菲利应邀加盟到卡耐基的麾下。随后的几年中，他以一贯的踏实和诚恳，成为"钢铁大王"卡耐基的左膀右臂，在事业上扶摇直上，飞黄腾达，成为美国钢铁业仅次于卡耐基的灵魂人物。

而这一切都是来自一把椅子和一句问候，使这位年轻人轻而易举地走向了令人羡慕的成功之路。

也许有人说，这只不过是命运之神在向他微笑。你错了，命运在自己手中，机遇是公正的，有时候，它出现在任何地点，而拥有良好礼仪的人最让它感到温暖和舒服。

洛克曾经说过："良好的礼仪的功用或目的只在使得那些与我们交谈的人感到安适与满足，没有别的。要能做到通过恰如其分的普通的礼节与尊重，表明你对他人的尊敬、重视与善意。这是一种很高的境界，要能做到这种境地，而又不被人家疑心你谄媚、伪善或卑鄙，是一种很大的技巧。"春秋时期名相管仲也曾经在其著作中写道："衣冠不正则宾者不肃，进退无仪则政令不行。"的确，如果忽视了基本的礼仪，这样的人是无论如何也不会得到他人的欣赏的。

生活中的奇迹，原来就发生在你不经意的言行之间，一句亲切的话语，一个友善的致意，一项渺小的援助计划，都能让别人体会到你的爱心和真诚。这就是文明礼貌的无穷魅力。

生活里最重要的是有礼貌，它比最高的智慧，比一切学识都重要。礼仪好的人，容易给别人留下一个好印象，也容易成功，并且生活快乐和幸福。美好和光明的生活，永远向重视礼仪且礼仪得当的人敞开大门。

与此同时，这也是为什么成功的人士总是惊叹皇室魅力并努力让自己的言行"贵族化"的秘密之一。高贵的礼仪，不仅代表着物质的奢华，更是一种精神上的骄傲。如果你的生活缺少成功，先从修炼自己的礼仪开始吧！

曲径通幽

语言的魅力是无穷无尽的，如果将它设置成一门课程，你可能永远都没有毕业的机会。有时候你想得到一件东西却害怕别人的拒绝，不妨改变一下策略：用语言引起他的共鸣，然后神不知鬼不觉地带他上你的"贼船"。

有一位母亲在和别人聊天的时候，谈到了自己的儿子。这个儿子要求母亲为自己买一条牛仔裤，一个简单得不能再简单的要求。

但是，儿子怕遭到拒绝，因为他已经有了一条牛仔裤，而母亲不可能满足他所有的要求。于是儿子采用了一种独特的方式，他没有像其他孩子那样或苦苦哀求，或撒泼耍赖，而是一本正经地对母亲说："妈妈，你见没见过一个孩子，他只有一条牛仔裤？"

这颇为天真而又略带计谋的问话，一下子打动了母亲。事后，这位母亲谈起这件事，谈到了当时自己的感受："儿子的话让我觉得若不答应他的要求，简直有点对不起他，哪怕在自己身上少花点，也不能太委屈了孩子。"

就是这样一个未成年的孩子，一句话就说服了母亲，满足了自己的需要。在他说这话时，唯一的目的就是要打动母亲，并没有想到该用什么样的方法。而在事实上，他的确是从母子情义上刺激母亲，让母亲觉得儿子的要求是合情合理的，而不是非分的。

另一个实现自己的"非分之想"，而用言语打动人的是伟大的科学家伽利略，看看他用的是什么方法。伽利略年轻时就立下雄心壮志，要在科学研

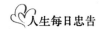

究方面有所成就，他希望得到父亲的支持和帮助。

他对父亲说："爸爸，我想问您一件事，是什么促成了您同妈妈的婚事？"

"我看上她了。"父亲平静地说。

伽利略又问："那您有没有娶过别的女人？为什么？"

"没有，孩子。家里的人要我娶一位富有的女士，可我只钟情你的母亲，她从前可是一位风姿绰约迷人的姑娘。"

伽利略说："您说得一点也没错，她现在依然风韵犹存，您不曾娶过别的女人，因为您爱的是她。您知道，我现在也面临着同样的处境。除了科学以外，我不可能选择别的职业，因为我喜爱的正是科学。别的对我而言毫无用途也毫无吸引力！难道要我去追求财富、追求荣誉？科学是我唯一的需要，我对它的爱有如对一位美貌女子的倾慕，就是这样。"

父亲说："像倾慕女子那样？你怎么会这样说呢？傻孩子！"

伽利略说："一点也没错，亲爱的爸爸，我已经 18 岁了。别的学生，哪怕是最穷的学生，都已想到自己的婚事，可是我从没想过那方面的事。我不曾与人相爱，我想今后也不会。别的人都想寻求一位标致的姑娘作为终身伴侣，而我只愿与科学为伴。"

父亲始终没有说话，仔细地听着。

伽利略继续说："亲爱的爸爸，您有才干，但没有力量，而我却能兼而有之。为什么您不能帮助我实现自己的愿望呢？我一定会成为一位杰出的学者，获得教授身份。我能够以此为生，而且比别人生活得更好。"

这时候父亲为难地开口了："可我没有钱供你上学。"

"爸爸，您听我说，很多穷学生都可以领取奖学金，这钱是公爵宫廷给的。我为什么不能去领一份奖学金呢？您在佛罗伦萨有那么多朋友，您和他们的交情都不错，他们一定会尽力帮助您的。也许您能到宫廷去把事办妥，他们只需去问一问公爵的老师奥斯蒂罗·利希就行了，他了解我，知道我的能力……"

父亲被说动了："嘿，你说得有理，这是个好主意。"

伽利略抓住父亲的手，激动地说："我求求您，爸爸，求您想个法子，尽力而为。我向您表示感激之情的唯一方式，就是……就是保证成为一个伟大的科学家……"

就这样，伽利略用了一种美妙的"谈判"方式最终说动了父亲，并通过努力实现了自己的理想，成了一名伟大的科学家。

二者之间的共鸣，并不是件很容易的事情。有时候还需要一点点的"阴谋"在里面。但事实证明，这是有效果的。至少比刚一上来就开门见山，就让人家如蹦豆儿般拒绝得好。不是吗？当我们试图说服别人，或对别人有所求的时候，最好从对方感兴趣的话题用委婉的语言谈起，不要太早暴露自己的意图，让对方一步步地赞同你的想法，当对方被你的想法感动的时候，便会不自觉地认同你观点。

有心，就能得到机会之神的眷顾

生活中有一条很重要的经验，两个字：留心！你要知道，在科学界伟大的发明或发现中，有一半以上是因为"意外"而现身于世的，而这些意外，也促成了这些科学家的成名。虽然，也许你会说，自己不是科学家，但是谁也不能阻拦你成为名人吧。

意外是人们在生活中经常碰到的，在科学研究和文学创作中也不乏其例——本来是为了研究某一项目，在进行中却意外地发现另一种颇有意义的信息或结果。这种意外的情况，通常被称为最典型的机会。

机会是一种偶然现象，但其背后隐藏着必然性，这就要看你是否留心细节。

事实上，如果你真的用心了，机会就会来临，甚至于有时你想挡也挡不住。

意大利曾经有一位年轻的穷学生叫保罗，有一天，他拿着一封介绍信，走进罗马佛奇康图书馆，求见馆长，想谋取一份暑期工作。在等馆长时，他信步走到书架房，浏览各种图书，其中一本精装本《动物学》引起了保罗的兴趣。当他翻阅到最后一页时，发现有一行用红墨水写的小字，告诉读者到罗马一个继承法院去请求取出 M 号文件。在好奇心的驱使下，保罗来到了那个法院。原来，该书作者鉴于无人肯欣赏他的著作，一气之下，便把他的著作全部烧毁，仅留下一本赠送给佛奇康图书馆，并立下遗嘱把他的全部财产赠给他的第一个读者。保罗意外地成为拥有 400 万里拉财产的富翁。

青霉素如今已成为西药当中最普遍使用的抗生素了，其被广泛运用于各种病症中，而青霉素的发现，也完全得自于一次意外，这次意外使英国细菌学家弗莱明和他所发现的青霉素一样被永载史册。

1928 年的一天，弗莱明在实验室中观察黄色的葡萄球菌时，偶然发现在培养细菌用的琼脂上还生长着一簇簇霉菌。他是个细心人，非常重视这个偶然的发现，经过认真思考、分析，他把霉菌接种在另一块琼脂上，并按辐射的形状接种了各种细菌。第二天，他发现有的细菌被霉菌杀死了，而且都是些常使人生病的细菌。弗莱明又把这种霉菌放在显微镜下观察，发现它是一种青霉菌，他把这种霉菌汁里的抗生素称为"青霉素"。

英国牛津大学生物化学家钱恩和病理学家佛罗理对弗莱明的发现深感兴趣，1939 年开始了提纯青霉素的试验，并经动物和人体的临床试验获得成功。

由于历史上经常出现那些意外获得机会的现象，人们总结了这种机会在个人成功中所起的重要作用，那就是：一个机会足以改变人的一生！一个细节足叮创造一番伟业！

利用机会，随时警觉它的出现，一旦来临，就要抓住它所传递的重要信息和有价值的线索，追根究底。法国化学家和细菌学奠基人在论述丹麦的斯忒偶然发现电磁感应的故事时，曾深有感触地说："在观察的领域中，机会常光顾细心的人。"一语道破了善于捕捉机会的奥秘。

在人的一生中，总会碰到各式各样的偶然性机遇，但是，假如没有平时对知识的积累、辛勤持久的思索，那么，机会即使降临了，你也无从知晓，即使知晓了也不会善于捕捉利用，所以，人不能把希望寄托在偶然性的机会上。

事实上，一个人的智能视野越宽广，碰到的偶然性机会就越多，利用偶然机会进行创新的可能性也就越大。所以，在留心意外的同时，还要善于把握偶然的机会。

要培养自己的这种能力，张开你欲求成功的网，留心细节，把握细节，千千万万个机会就在前面等着你来捕捉。

想人之所想

如果你没有学过交际学，没关系，丝毫不会影响到你今后可能的作为。只要无论何时你都要记住这样一个原则：先满足别人的需求再达到自己的目的。也许你以前从未听说过，但是既然现在知道了，就让它为你的成功助上一臂之力吧！

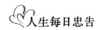

很多成功的人士，都是按照这项原则做事，他们也总是能从中获取不少的利益，有时甚至反败为胜。

日本有一家报社，有一次调换总编，新来的总编没有在报界担任过职务，甚至没从事过一天最基层的采访工作。他知道大家不服气，上任第一天，他便在"就职演说"中含笑对大家说："我来咱们报社，别说是做总编辑，就是当资料室职员的资格恐怕也不够，因为关于资料的调查统计，我只对经济方面略知皮毛。我有一种意愿，体验一下做记者的艰辛，希望坐坐新闻记者的大车，同时也希望由于坐了大车就得到各位外勤同事的体验，将来去某银行请求他们合作，替本报同事办一下郊区购房分期付款。"

新来的总编愿意体验他们的辛苦，更重要的是他竟对解决大家一直揪心的住房问题这么热心，不拥护这样的总编，还能拥护谁呢？他的话未讲完，席上已是掌声一片，大家都开始支持他了。

大名鼎鼎的罗斯福也是这样一位善于观察，挖掘对方兴趣的人，并借此步入辉煌。无论是一个牧童、猎人、纽约政客，还是一位外交家、金融家，罗斯福好像都明白该同他谈些什么。那么，他是如何做到这一点的呢？其实答案很简单。罗斯福在每接见一位来访者之前，他都会花上一定的时间了解有关这位客人所特别感兴趣的东西，有时即使开夜车也一定要找到令这人感兴趣的话题。

在商业领域，多谈些有关别人感兴趣的话题也是一种很有价值的方法。

杜弗诺先生是纽约一家面包经营商，他千方百计地想将公司的面包卖给纽约一家旅馆。4年来，他每星期都去拜访一次这家旅馆的经理，参加这位经理举行的所有活动，甚至在这家旅馆中订了房间住在这里，以期得到自己的买卖，但他还是失败了。后来，在学习了人际关系的知识之后，他决定改变做法。首先打算找出这位经理最感兴趣的是什么，看什么事情能引起他的热心。

经一番周折之后，杜弗诺先生了解了此人是美国旅馆协会的会员，十分向往成为该会的会长，因为他想升为国际招待员协会的会长，所以不论在什么地方召开此类大会，他总会想方设法参加。

杜弗诺先生说："第二天，我一见到他，就开始谈论关于旅馆协会的事。我得到的是一种多么热烈的反应！他对我讲了很长时间关于旅馆协会的事，他的声音极富热情。我可以清楚地看出，这确实是他很感兴趣的业余爱好。在我即将离开他的办公室时，他劝我也加入这个协会。

这次谈话中，我没有提关于面包长短的一个字。但几天后，他旅馆中的一位负责人给我打来电话，要我带着货样及价目单前去见他。"

"真不明白你对我们老板做了些什么事，"这位负责人不解地对他说，"但你的招数的确十分有效。"

事后，杜弗诺感慨地说："我对这人穷追了4年，尽力想赢得他的买卖，如果我不费事去找他所感兴趣的东西，恐怕我现在还不会有任何结果。"

所以，如果你要想让他人对你产生兴趣，务必要记住四个字：投其所好，十有八九即会看到卓越的成果！

让工作变得快乐起来

我们每个人都是有工作的，可是不良的工作习惯却往往使人陷入失败的沼泽。如果你想让工作鲜活起来，请先从清理习惯入手吧！

良好的工作习惯之一：清理桌上的杂物，只保留与目前工作有关的物品。

一位著名公司的总裁说过："那些桌上总是堆满文件的人会发现：把桌

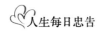

上的杂物清理干净，只保留与目前工作有关的物品会更有利于开展工作，也不易出错，它还更会成为迈向高效率的关键。"

诗人波普说："天堂的第一法则是秩序。"

虽然我们感觉每天规律的生活就是秩序，但实情却并非如此，只要我们稍加留心就会发现，很多人的办公桌上老是堆满了乱七八糟的文件和资料，可对其中的有些文件一连几周可能都不会瞧上一眼。一位报刊主编很炫耀似的告诉同事，他的秘书有一天为他清理办公桌的时候，竟意外地找到了失踪两年的那台打字机。噢，天啊！

如果办公桌上乱七八糟地堆满了各种信件、报告和备忘录，会严重影响你的情绪和工作质量。更有甚者，一个时常担忧万事待办却没时间办理的人，不仅会觉得紧张和疲倦，并且容易引发人患上高血压、心脏病和胃溃疡之类的疾病。但是，如果能坚持做到像清理桌面，只关注目前要处理的工作等这样简单的方法，就能避免这一切的发生。

良好的工作习惯之二：分清主次，先拣重要的事情办。

如果你做的是无意义的事，就意味着你浪费了时间，在无意义的活动中浪费着自己宝贵的精力。所以分清主次就显得无比重要了。

美国都市服务公司创始人利·杜赫提曾说过，人有两种无法用金钱衡量的能力：一是思考能力，二是按事情的轻重程度妥当处理的能力。

没有人可以永远按照事情的轻重程度去做事。但是按部就班、条理清晰地做事，总比想到什么就做什么要好得多。

如果萧伯纳没有给自己定下严格的计划，每天必须写出五页稿纸的文字，他可能永远只是个银行职员。甚至，连漂流到荒岛上的鲁滨孙每天也为自己定下一个作息表呢！

良好的工作习惯之三：做事要讲究效率，决不拖沓。

德国的马尔顿说："拖延的习惯最能损害和降低人们做事的能力。"

美国钢铁公司董事会成员赫威尔曾经说过，有一段时间，董事会开会常常拖拖沓沓，许多问题被提出来商讨，却很少能当即作出决定，以致大家经常把一大堆报告带回家研究。

为了改变这种状况，赫威尔说服董事长作出了一个规定：一次只提一个问题，直到解决为止，不得拖延。表决之前可能需要研究其他资料，但为了让问题及时得以解决，除非前一个问题已经处理，否则不讨论第二个问题。这种办法果然有效：备忘录上的有待处理的问题解决了，日程表上也不再排满预定处理的事项。大家不必再抱一大堆资料下班，也不用被尚未解决的问题弄得紧张焦虑。

这个好习惯，当然不只对美国钢铁公司董事会有效，也可惠及你我。

良好的工作习惯之四：让自己有组织、授权与督导的能力。

美国的 H·米勒说："真正的领导不是要事必躬亲，而在于他要指出路来。"日常工作中，很多人常因不懂得授权他人、事必躬亲，结果经常陷身在烦琐细节中，却收效甚微。当然，学会授权给别人是非常困难的。即便如此，身为主管人员还是得学习怎样委派他人，否则永远免不了疲于奔命，因为即使你能力再强，个人的力量终究有限。

尼克松也说："如果他想把每件事情都做好，那就不可能把真正重要的事做得非常出色。"

无论哪一阶层的管理者，如果不懂得组织、授权与督导，多半会在五六十岁即死于心脏疾病——这是长期紧张劳累、心力交瘁的结果。本节要告诉你的就是，要使你不至于过度劳累与忧烦，做事时一定要讲究条理清晰、有条不紊以提高办事效率。

请记住，快乐并不因为你是什么人，或你拥有什么，它完全取决于你的内心感受和如何安排自己的生命。最后还是那句话：养成良好的工作习惯你将受益无穷！

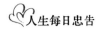

完善你自己

这个世界上最动人的语言，不是夸耀，不是奉承，不是雄辩，而是别人悉数你的缺点时用的词语。因为，它的作用是帮助你将自己完善成一件杰出作品的画笔。

我们必须承认，除了少数别有用心的人恶意诽谤攻击外，有一部分批评确实是由于我们的弱点和失误给了对手可乘之机。所以，在生活或工作中，我们与其等待敌人来攻击我们，倒不如自己先检查一下自己。对自己严一点，在别人抓到我们的弱点之前，我们应该首先认清并处理这些弱点。达尔文就充分认识到了这一点。当达尔文完成其不朽的著作——《物种起源》时，他已意识到这一革命性的学说一定会震撼整个宗教及学术界，也一定会招来不少的批评、指责甚至辱骂。因此，他主动开始自我批评，并耗时15年，不断查证资料，不断向自己的理论发出挑战，以批评完善自我。

我们被人批评的时候，如果认为保持自己的个性很重要，而不提醒自己改变一下应对策略，往往会不假思索地采取防卫姿态，拒绝接受他人的批评。但听到别人谈论我们的缺点时，急于辩护并不能给我们带来什么好处，每个没头脑的人都会这样做。我们不妨聪明一点也更谦虚一点，我们可以大气地说："如果让他知道我其他的缺点，恐怕他还要批评得更厉害呢！"

我们每个人都不是圣人，都不可避免地会做一些蠢事，也许随着岁月的流逝，想起少不更事时做的傻事，自己都会脸红。有一位名人说："我经常责怪别人，不过随着年龄的增长——但愿也同时长了一点智慧——我最后发现应该责怪的只有自己。"很多人随着岁月的流逝渐渐地认清了这一点。拿破仑被放逐到圣海伦岛时说："我的失败完全是咎由自取，不能怪罪别人。我最大的敌人其实是我自己，这也是造成我今天不幸命运的根本原因。"

平凡的人往往因他人的批评而愤怒，有智慧的人却从中受益颇多。诗人惠特曼曾说："别以为你只能向喜欢你、仰慕你、赞同你的人学习，从反对你、批评你的人那儿，你可能会得到更多的教益。"

林肯的国防部长爱德华·史坦顿就曾经这样骂过总统：当时，为了讨好一些利欲熏心的政客，林肯签署了一次调动兵团的命令。史坦顿不但拒绝执行林肯的命令，背后还指责林肯签署这项命令是蠢到了极点。有人告诉林肯这件事，林肯平静地回答："史坦顿如果骂我愚蠢，我多半是真的愚笨，因为他几乎总能做对。我会亲自去跟他交流一下。"

林肯果然前去拜访史坦顿。史坦顿还是不客气地指出他这项命令是错误的，林肯接受了他的建议。因为他相信对方是真诚的，是真心帮助他的。

著名法国作家拉劳士福古曾说："敌人对我们的看法比我们自己的观点可能更接近真实情况。"

名牌汽车公司——福特公司为了了解管理与作业上存在的问题，特地邀请员工对公司提出批评，从而有力地促进了福特公司的飞速发展。

一位推销员，为了改善自己的工作主动要求人家给他批评。他在刚开始为高露洁推销香皂时接的订单很少，担心自己会失业，但他确信产品或价格都没有问题，所以问题一定是出在他自己身上。他经常反省自己什么地方做得不对，是表达得没有说服力？还是热情不够？有时他会重返回去，问那位商家："我不是回来卖给你香皂的，我希望能得到你的意见与指正。请你告诉我，我刚才什么地方做错了？你的经验比我丰富，事业又成功。请给我点指正，直言无妨，请不必保留，我会非常感谢。"

这位推销员的态度为他赢得许多珍贵的忠告。他后来升任高露洁公司总裁，这位推销员就是李特先生。只有心容万物的智者，才能成为善于积极进行自我批评的人，才能不断完善自己，以致成功或辉煌。

把真诚和热情随身携带

生活就是一面镜子，你对它笑，它也对你笑。如果你觉得自己生活在一个真诚的世界里，那么看到的就是鲜花和阳光。反之，恐怖的魔鬼和无间的地狱就会对你露出狰狞的面孔。真诚和热情，确实是把打开通往天堂之门的钥匙。

工作的人都有抱怨自己命苦的时候。可是，如果不把工作视为生活之外的烦人事项，而是要把工作融入我们的生活，融入我们的心中，那么，我们自然而然就会心甘情愿地付出，也才会用最热情的心去感受这个生活中的必需。

美国有线电视新闻网著名的脱口秀主持人拉里·金，出生于纽约的布鲁克林区，10 岁时父亲因心脏病去世，从此靠着公众救济金长大成人。

从小便向往广播生涯的他，从学校毕业后先是到迈阿密一家电台当管理员，经过一番努力才坐上主播台。

他曾经写了一本有关沟通秘诀的书，书名叫《如何随时随地和任何人聊天》。书里提到他第一次担任电台主播时的经历，他说，那天如果有人碰巧听到他主持的节目，一定会认为："这个节目完蛋了。"

那天是星期一，上午 8 点 30 分他走进了电台，心情紧张得不得了，于是不断地喝咖啡和开水来润嗓子。

上节目前，老板特地前来为他加油打气，还为他取了个艺名："叫拉里·金好了，既好念又好记。"

从那一天开始，他得到一个新的工作、新的节目与一个新的名字。

节目开始时，他先播放了一段音乐，就在音乐放完准备开口说话时，喉咙却像是被人割断似的，居然一点声音也发不出来。

结果，他连播了三段音乐，之后仍然一句话也说不出来，这时，他才沮丧地发现："原来，我还不具备做专业主播的能力，或许我根本就没胆量主持节目。"

这时，老板忽然走了进来，对着满脸丧气的拉里·金说："你要记得，这是个沟通的事业！"

听到老板这么提醒，他再次努力地靠近麦克风，并尽全力地开始他的第一次广播："早安！这是我第一天上电台，我一直希望能上电台……我已经练习了一个星期……15分钟之前他们给了我一个新名字……刚刚我已经播放了主题音乐……但是，现在的我却口干舌燥，非常紧张。"

拉里·金结结巴巴地一长串说了下来，只见老板不断地开门提示他："这是项沟通的事业啊！"

终于能够开口说话的他，似乎信心也唤回来了，这天，他终于实现了梦想，也成功地完成了梦想！

那就是他广播生涯的开始，从此以后，他不再紧张了，因为第一次广播经验告诉他"只要满怀热诚地能说出心里的话，人们就会感受到你的真诚，并且，善良地接受它。"

身为著名主播，拉里·金的经验是"谈话时必须注入感情，表现你的热情，让人们能够真正地体验并分享你的真实感受"。

对拉里·金来说，广播不只是一项沟通的事业，更是充实他精彩人生的第一要素，所以，他在书中一直告诉我们"投入你的情感，表现你对生活的热情，然后，你就会得到你想要的回报"。

这不仅是拉里·金在奋斗的道路上所体悟出来的成功秘诀，也是每一个希望能成功经营自己的有心人最为有用的成功指引。

如果你缺少一颗充满爱、真诚与热情的心，那么无论你身处多么优越的地位，拥有一份多么令人眼红的工作，你的日子依旧了无生趣，甚至会因绝

望而做出愚蠢的选择。

请把真诚和热情随身携带吧!

不要让"假如"纠缠不休

被问题纠缠确实是一件令人烦恼的事情。既然生活中有那么多麻烦事对付不过来,干吗还要让莫名其妙又没什么意义的"假如"来折磨你可怜的脑神经呢?

你是否也曾经为了一个假设性的问题,而沉闷不已?或是为了一个人们的臆测而困扰不已呢?

阿三与阿四两个人因为欠了一屁股债,遭到债主的追讨,于是两人趁着黑夜,逃离居住的地方。

跑了一个夜晚,就在天快亮时,他们决定找个地方休息一下。

阿三气喘吁吁地说:"找个地方休息一下吧!我们已经离开城镇很远了,我想他们不会追来了!"

阿四也点头表示:"好!"

于是,他们来到一棵大树下休息乘凉。

只见他们躺在树下,放松了心情,闲聊起来。

阿三忽然想到一个问题,便问阿四:"如果我在路上捡到了一笔钱,你觉得我要怎么处理?"

阿四听到阿三的白日梦,精神忽然一振,开心地说:"如果捡到一大笔钱,那当然你一半,我一半啦!"

阿三一听，急着说："你想得美！谁捡到了钱，就是谁的，如果是我捡到的话，凭什么要分一半给你？"

阿四一听，气愤地说："你这可真不够义气，我们一起逃亡，一起赶路，你捡到了钱，我也在你身边，我也看见了，你凭什么独吞？你真是个贪财鬼，一点也不够朋友，真是禽兽不如！"

听到阿四这么激动地怒骂，阿三也火了，他生气地吼着："你这是什么话！什么叫禽兽不如？你再说一遍！"

阿四也不甘示弱，他挑衅地说："说就说！谁怕你啊！你真是个禽兽不如的家伙！"

阿四一说完，阿三气得挥了一个拳头过来，这一挥拳，两个人就这么扭打了起来。这时，有个人走了过来，连忙上前劝阻："喂，你们别这样，有什么事不能说开呢？别打了，说来听听！"

阿四立即不平地说："我们原来是好朋友，但是这家伙捡到了一笔钱居然不愿分给我，想要自己独吞！"

阿三一听，立即辩驳："是我捡到的，当然是我的啊！我想给谁就给谁，我不想给就不……"

阿三话还没说完，火气甚旺的阿四立刻挥了一拳过来，还怒气冲冲地说："还说不愿意，我就让你尝尝我的大拳头！"

路人看他们打得不可开交，转念一想，开口问："你们先别急，让我帮你们和解。你们捡的钱在哪里？一共多少钱？"

这一问，两个人还真的停止扭打了！

因为，他们顿时都呆住了，还异口同声地说："咦？还没捡到啊！"

路人这会儿瞪大了眼，摇了摇头说："连个影子都没有，那么你们两个干吗吵成这样？"

这下子两个人可呆住了，他们看着彼此的鼻青脸肿，尴尬地苦笑着。

你觉得这样的争吵有意义吗？既然是荒唐和可笑的，干吗你总是沉溺在独自的愤愤不平中难以自拔呢？若有这个时间，读几页书，和朋友聊几句天，或者计划一下下步的打算，不是更有意义吗？还"假如"个什么劲！

他的建议，你的经验

或许，我们经常听到别人的忠告，自己也常常对别人提出忠告。

然而，当人们给予你建议或忠告时，你是仔细聆听是否有理，还是认为人们故意找你麻烦呢？分清别人的意见是否切实可行，对于你而言那是最宝贵的一笔财富。

有个猎人抓到一只鸟儿，神奇的是，这只鸟居然能说70种语言。

被关在笼子里的鸟儿，哀求说："求求你，放了我吧！只要你放了我，我就送给你三个生存秘诀。"

猎人停顿了一下，说："好，不过你得先说，我才放你走。"

鸟儿听了之后，怀疑地看着猎人。

猎人看见鸟儿似乎不大相信，他举起手立誓："我发誓，只要你说了，我一定会放你走。"

鸟儿看见猎人发誓了，便说："那么你听好了！第一条是，做了就不要后悔。第二条是，如果有人告诉你一件事，只要你认为不可能，就千万别相信。第三条是，当你做不到时，就别勉强去做。"

忠告说完后，鸟儿便问猎人："可以放了我吧？"

虽然猎人还没消化完这些忠告，不过他仍然遵守诺言，将鸟儿放了。

鸟儿开心地飞到树上，接着朝着猎人大声喊道："你这个白痴，谢谢你放了我啊！不过，你一定没有料到，在我嘴里正含着一颗价值连城的大珍珠，而且就是这颗珍珠，让我如此聪明的。"

猎人一听，连忙跑到树下，他瞪大了眼，心中开始盘算着，要如何再将这只鸟儿捉住。

猎人懊悔地站在树下，过了一会儿，只见他开始往上爬，但是当他爬到一半时，却不小心掉了下来，还摔断了腿。

这时，鸟儿嘲笑他说："笨蛋！我刚才不是告诉你了吗？怎么马上都忘了呢？我不是说一旦做了就别后悔，为什么你现在又后悔了呢？还有，我说，如果有人对你说了你认为是不可能的事，就千万别相信他。可是，你居然相信我的小嘴含得住大珍珠。最后我不是说，如果做不到时，就别勉强自己吗？你看看，你为了捉住我，勉强爬上这棵大树，结果却摔断了腿，真是得不偿失啊！"

鸟儿在飞走前，还送了猎人这么一句话："对聪明的人来说，只要受过一次教训，他就会警惕；然而，愚笨的人即使受了一百次教训，恐怕还不一定知道问题所在。"

就像这只会说 70 种语言的鸟儿所说的，如果不能从经历中吸取教训，那么即使人们告诉他前面有个陷阱，他也一样躲不过。

不要狭隘地看待人们给出的意见，我们需要的是鉴别别人的建议，根据实际情况，灵活运用这些建议。

况且听一听，并不会让我们有任何的损失，或许我们真的能从这些建议中，找出自己的缺失、调整自己的步伐，让我们能够不断从失败的教训中，获得最完整的经验累积。

细心是开启发现之门的金钥匙

人生不可以处处留情，却应该处处留心，智慧和财富都隐匿在我们身边，等细心的人将这些宝藏——挖掘出来并用它们换取幸福。生活中，只有善于发现，善于学习的人才能顺利到达理想的彼岸。

1872 年的一天，在美国加利福尼亚的一个酒店里，斯坦福与科恩围绕"马奔跑时蹄子是否着地"发生了争执。

斯坦福认为，马奔跑得那么快，在跃起的瞬间四蹄应是腾空的。而科恩认为，马要是四蹄腾空，岂不成了青蛙？应该是始终有一蹄着地的。

两人各执一词，争得面红耳赤，谁也说服不了谁。于是两人就请英国摄影师麦布里奇做裁判，可麦布里奇也弄不清楚，不过摄影师毕竟是摄影师，点子还是有的。他在一条跑道的一端等距离放上 24 个照相机，镜头对准跑道；在跑道另一端的对应点上钉好 24 个木桩，木桩上系着细线，细线横穿跑道，接上相机快门。

一切准备就绪，麦布里奇让一匹马从跑道的一头飞奔到另一头，马一边跑，一边依次绊断 24 根细线，相机转接拍下了 24 张相片，相邻两张相片的差别都很小。相片显示：马奔跑时始终有一蹄着地，科恩赢了。

事后，有人无意识的快速拉动那一长串相片，"奇迹"出现了：各相片中静止的马互相重叠成一匹运动的马，相片"活"了。电影的"雏形"经过艰辛试验终于成熟了。

一天，包克看见一个人打开一包纸烟，从中抽出一张纸条，随即把它扔到地上。包克弯下腰，拾起这张纸条。那上面印着一个著名女演员的照片。在这幅照片下面印有一句话：这是一套照片中的一幅。烟草公司敦促买烟者收集一套照片。包克把这个纸片翻过来，注意到它的背面竟然完全是空白。

包克感到这儿有一个机会，他推断：如果把附装在烟盒子里的印有照片的纸片充分利用起来，在它空白的那一面印上照片上的人物的小传，这种照片的价值就可大大提高。于是，他就找到印刷这种纸烟附件的平板画公司，向这个公司的经理推销他的主意，最终被经理采纳。这就是包克最早的写作任务。他写的小传的需要量与日俱增，以致他得请人帮忙。他于是要求他的弟弟帮忙，并付给每篇5美元的报酬。不久，包克还请了5名新闻记者帮忙写作小传，以供应平板画印刷厂。包克竟然成了编者！最后他如愿以偿地做了一家著名杂志的主编。

处处留心皆学问，细微之处有真知。只要我们内心充满好奇和求知的欲望，留心生活中的每一瞬间，坦陈己见，并为之争执、理论，适时求助、探究，就能打开那扇隐藏的发现之门，找到连接到你手中的那条可遇而不可求的金光大道。

请给自己一个对手

倘若我们擦干眼泪，撇开不幸，就不难发现，磨炼意志最好的帮手往往是自己的对手。所以，当对手向你走来时，你应该把仇恨的目光扔掉，然后热诚地走向前去拥抱他，感谢他。

挪威著名的剧作家亨利·易卜生把自己的对手瑞典剧作家斯特林堡的画像放在桌子上，一边写作，一边看着画像，从而激励自己。易卜生说："他是我的死对头，但我不去伤害他，把他放在桌子上，让他看着我写作。"据说，易卜生在对手斯特林堡的目光关注下，完成了《社会支柱》、《玩偶之家》等

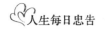

世界戏剧文化中的经典之作。

易卜生是聪明人，他知道排斥对手对事情没有一点帮助，弄得不好还会两败俱伤，相反，如果抱着欣赏对手的心态，则可能赢得人心。人与人之间肯用真心交流，就会增进了解，消除隔阂，使他人变成你的朋友。拿对手当成动力，不是更有利于你的成功吗？

不肯欣赏对手的人，实在是很不幸的。在正常条件下，欣赏对手能发挥极大效果，它会给你带来幸福、友谊，乃至成功。

美国的 RealNetworks 公司曾经向美国联邦法院提起诉讼，指控比尔·盖茨的微软公司违反反垄断法，并要求其赔偿 10 亿美元。但在官司还没有结束的情况下，RealNetworks 公司的首席执行官格拉塞却致电比尔·盖茨，希望得到微软的技术支持，以使自己的音乐文件能够在网络和便携设备上播放。所有的人都认为比尔·盖茨一定会拒绝他，但出人意料的是，比尔·盖茨对他的提议表现出出奇的欢迎，他通过微软的发言人表示，如果对方真的想要整合软件的话，他将很有兴趣合作。

众所周知，微软和苹果两大公司自 20 世纪 80 年代起就一直处于敌对状态，约伯斯和比尔·盖茨为争夺个人计算机这一新兴市场的控制权展开了激烈的竞争。到了 90 年代中期，微软公司明显占据了领先优势，占领了约 90% 的市场份额，而苹果公司则举步维艰。但让所有人大跌眼镜的是，1997年，微软向苹果公司投资 1.5 亿美元，把苹果公司从倒闭的边缘拉了回来。2000 年，微软为苹果推出 Office2001。自此，微软与苹果真正实现双赢，他们的合作伙伴关系进入了一个新时代。

常人不可理解的两件事都发生在世界首富比尔·盖茨身上，我想这绝对不是一个巧合。

面对对手，一定要不屈不挠，咬紧牙关，迎面而上，决不退缩——这似乎是共识。但明智的比尔·盖茨选择了另一种方式：站到对手的身边去，把对手变成自己的朋友。

无独有偶，1957年，当时还默默无名的约翰·列侬在一次小型演出中认识了15岁的保罗·麦卡特尼。演出结束后，保罗批评约翰唱得不对，吉他也弹得不好，约翰很不服气。于是保罗用左手弹了一段漂亮的吉他，向约翰展示了他的天才，而且他能记住所有的歌词，这让约翰大为惊讶。约翰想，与其让这小子成为自己将来的敌人，还不如现在就邀他入团。就在这天，20世纪最成功的音乐搭档诞生了，约翰和保罗携手合作，组建了"甲壳虫"乐队。这支乐队后来风靡全球，成为迄今为止历史上影响最为深远的乐队。

聪明的列侬比比尔·盖茨更有远见：在敌人还未成为敌人之前，快步上前，站到他的身边，把他变成自己的朋友。

自以为是，是一种特殊的浅薄，也是一种非常普遍的浅薄。时时保持谦恭的态度，不要吝惜你的恩泽，哪怕对方是你最可怕的敌人。古兵法有云：不战而屈人之兵，是为上上策。在这里，"屈"的效果就取决于你"施"的程度了。对待自己生活中的对手，这就是最高境界。

机会是条狡黠的鱼

机会就像河里的鱼，你如果不赶快抓住，那它就会活泼又狡猾地溜走。所以你总不能成为成功的那一个。

许多成功者都这么告诉想要开创事业的人说："你不一定要等待机会，因为，你可以为自己创造机会。"

我们将要迈向何方，我们的机会就在哪里，与其默默等待别人施舍机会，

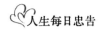

不如主动出击，为自己创造机会。

一天，在西格诺·法列罗的府邸正要举行一个盛大的宴会，主人邀请了一大批客人。就在宴会开始的前夕，负责餐桌布置的点心制作人员派人来说，他设计用来摆放在桌子上的那件大型甜点饰品不小心被弄坏了，管家急得团团转。

这时，西格诺府邸厨房里干粗活的一个仆人走到管家的面前怯生生地说道："如果您能让我来试一试的话，我想我能造另外一件来顶替。"

"你？"管家惊讶地喊道，"你是什么人，竟敢说这样的大话？"

"我叫安东尼奥·卡诺瓦，是雕塑家皮萨诺的孙子。"这个脸色苍白的孩子回答道。

"小家伙，你真的能做吗？"管家将信将疑地问道。

"如果您允许我试一试的话，我可以造一件东西摆放在餐桌中央。"小孩子开始显得镇定一些。

仆人们这时都显得手足无措了。于是，管家就答应让安东尼奥去试试，他则在一旁紧紧地盯着这个孩子，注视着他的一举一动，看他到底怎么办。这个厨房的小帮工不慌不忙地要人端来了一些黄油。不一会儿工夫，不起眼的黄油在他的手中变成了一只蹲着的巨狮。管家喜出望外，惊讶地张大了嘴巴，连忙派人把这个黄油塑成的狮子摆到了桌子上。

晚宴开始了。客人们陆陆续续地被引到餐厅里来。这些客人当中，有威尼斯最著名的实业家，有高贵的王子，有傲慢的王公贵族们，还有眼光挑剔的专业艺术评论家。但当客人们一眼望见餐桌上卧着的黄油狮子时，都不禁交口称赞起来，纷纷认为这真是一件天才的作品。他们在狮子面前不忍离去，甚至忘了自己来此的真正目的是什么了。结果，这个宴会变成了对黄油狮子的鉴赏会。客人们在狮子面前情不自禁地细细欣赏着，不断地问西格诺·法列罗，究竟是哪一位伟大的雕塑家竟然肯将自己天才的技艺浪费在这样一种很快就会溶化的东西上。法列罗也愣住了，他立即喊管家过来问话，于是管家就把小安东尼奥带到了客人们的面前。

当这些尊贵的客人们得知，面前这个精美绝伦的黄油狮子竟然是这个小孩仓促间做成的作品时，都不禁大为惊讶，整个宴会立刻变成了对这个小孩的赞美会。富有的主人当即宣布，将由他出资给小孩请最好的老师，让他的天赋充分地发挥出来。

西格诺·法列罗果然没有食言，但安东尼奥没有被眼前的宠幸冲昏头脑，他依旧是一个淳朴、热切而又诚实的孩子。他孜孜不倦地刻苦努力着，希望把自己培养成为皮萨诺门下一名优秀的雕刻家。

也许很多人并不知道安东尼奥是如何充分利用第一次机会展示自己才华的。然而，却没有人不知道后来著名雕塑家卡诺瓦的大名，也没有人不知道他是世界上最伟大的雕塑家之一。

机会不是苹果，等到熟透时会自觉地砸到你脑袋上。所以，你必须不断而又醒目地亮出你自己的优势，像一块吸力强大的磁石一样热烈地吸引机会向你靠拢，让别人发现你，进而才能赏识和信任你，你必须勇于尝试，锲而不舍地一次次地去叩响机会的大门，只要充满信心和勇气，总有一扇会为你打开！

让脚步稳一些

世界总是"乱花渐欲迷人眼"，想一步登天的人，往往总是哀叹没有那么大的步子，从而"限制"了自己能力的发挥。其实，步子小一点，一步步稳扎稳打走上去，既到达了顶峰不说，还能听从路人宝贵的经验，欣赏途中动人的美景呢！

生活中经常出现我们意料不到的事，往往是当时我们并不介意，过了好久才会咂摸出一些绵远悠长的味儿来，并让我们打激灵。

两年前，好友佳佳在一家公司打工，老板是位广东人，对下属非常严厉，从不给一个笑脸，但他是个说一不二的人，该给你多少工资、奖金，不会少你一个子儿，佳佳他们都拼命工作。

公司有个规定，不准相互打听谁得多少奖金，否则"请你走好"。虽然很不习惯，开始工人们还是一直遵守着，努力克制着从小就养成的好奇心和窥私癖。有一个月，大家都发现自己的奖金少了一大截，开始不敢说，但情绪总会流露出来，渐渐地大家都心照不宣了。那天中午，吃工作餐时，大家见老板不在公司，就有人摔盆碰碗地发脾气，很快得到众人响应，一时怨声盈室。

有一位来公司不久的下岗妇女一直安安静静地吃饭，与热热闹闹的抱怨太不相称，引起了大家的注意。

工人们问她，难道你没有发现你的奖金被老板无端扣掉一截？她有些吃惊地回答："没有啊！"工人们比她更吃惊了，整个饭厅一下子安静下来，每个人都一脸疑惑，每个人都在心里揣摩，人人都被扣了，为何她得以逃脱？莫非她与老板有那种瓜葛？她这把年纪，至少有三十几了吧，且瘦得一把骨头一张皮的，哪个男人会对这种肉干一样的女人感兴趣？那么，是什么原因使她独享优惠政策？后来才知道她是被扣得最多的一个。不久她被提升了，我们又嫉妒又羡慕，她的工资会高出一大截来，还有奖金。

很久以后，她向工人们描述当时自己的心情：她的确没有装，她是这样想的，这个月我一定做得不好，所以只配拿这份较少的奖金，下个月一定努力。为何别的人没有这样的想法呢？她是这样分析的，那时她工作了近20

年的工厂亏损得已很厉害，常常发不出工资，开工不足，工人们都在等待（那时还没有下岗的说法），她等不下去了，因为家庭负担太重，上有生病的老人，下有读书的孩子，还有因车祸落下残疾的丈夫，于是她就出来打工了，收入比起她以前的工资要高出百十元钱，这让她喜出望外，非常珍惜这份工作，甚至有一种感激的心情。

后来，佳佳离开了那家公司，跳了几次槽，至今都没有跳到一个满意的地方。去年10月，在一次商务茶会上又碰到她。她认出了佳佳，而佳佳已认不出她来，不仅是因为她胖了些白了些，那身合体的高级职业装和与脸型非常相称的发型，精致的妆容，把她烘托得典雅且老道，那神态有一种阅尽人世变迁的沉稳与平易，让人一见就会产生与她打交道做生意是可靠的、有保障的感觉。此时，她已做到了经理助理的位置，公司的二老板，是标准的白领丽人，谁能想到4年前，她不过是个战战兢兢的下岗女工，且人到中年。看她很熟练且极有分寸地与人周旋，佳佳内心的感慨是无法用语言来描述的。

由于我们年轻，拥有很多优势，所以我们总是觉得应该得到更多更好的东西。对生活，我们从不习惯放低姿态，面对眼前五光十色、流金淌银的社会，我们认为索取是最重要的，于是，我们越是不满足，越是得不到想要得到的林林总总。

人生活在社会上，总能寻找到一个属于自己的位置。你现在站得低并不代表没有乘着热气球跨越式升高的可能。地位低不是尊严低，只要肯以虚心的姿态，实践着自己的梦想，珍惜着到来的机会，那么生活也会以满腔热忱回报你以美好。

学会拒绝

如果你感到每天 24 小时根本不能使你完成手头上繁重的任务，先不要抱怨这 24 小时太短，因为真正的原因其实是你要完成的任务太多了。要想拥有从容的生活，技巧就在这里——学会说"不"。

怎么说是忙得团团乱转！是多数人的口头禅。有时，我们很想找朋友聊天，但是聊得久一些，就会有使对方"挥金如土"的罪恶感。有时候自己正忙，别人却正好想与你长聊，这时，则有"时间花得冤枉"的焦急。

生活中，人们常常被别人的种种"要求"所纠缠。记住，你总是有权说"不"的，无论你选择何种方式说出它，对方都应该尊重你的选择。当然，你也要认可对方的选择。

学会拒绝是一种艺术。比如当有朋友邀请你参加某些派对活动时，你可以用平和的语气回绝："我确实很想参加这次的活动，参加这项活动一定会给我带来无穷的乐趣。但是，我今天还有很多事情必须做，恐怕不能接受你们的好意。"

你看，这样不就万事 OK 了吗？

有些"脸皮薄"的人之所以害怕对别人说"不"，首先是因为缺乏坚定的自信，总认为别人拥有无可争辩的优势或特权，自己总觉得不应该也没有力量去拒绝别人，即使已经感到自己的权益受了侵害，仍然不能从心里肯定自己的看法，也不知道怎样维护自己的权益。其次，"脸皮薄"的人在自己的想象中过低地估计了别人对遭受拒绝的承受力，认为别人都会把被拒绝看成是对个人尊严的否定，并会因此而感到恼怒，反过来又会责难、冷淡或报复自己。只要一想到要对别人说"不"，就立即感觉到强烈的担心、紧张、烦躁与不安，好像有错的不是别人，而是自己，有一种奇特的愧疚感。在这种情绪状态下，个人难以有效地表达真实的想法，大多数人宁愿忍气吞声、委曲求全。其实这种想法是完全错误的，要知道时间是你自己的，你没有必要牺牲自己，成全别人。

美国洛杉矶的心理学教授曼纽尔·J·史密斯（Manuel.J.Smmith）专门从事这一疑难问题的研究。根据他的理论：如果你本意是不愿意，但嘴上却说"是"，其原因首先不在你自身，而在于你被他人左右了。

史密斯教授的疗法是：当你面临"是"和"不"的抉择时，在心中默默告诉自己："我有权不受他人左右。不论是我的上司、我的客户、我的爱人、我的亲戚还是我最好的朋友，他们都无权指使我。"

面对这样的情况，你要尽量站稳脚跟，挺直腰杆，然后轻轻对自己说："我就是我，我有完全属于我自己的空间。"

信誉的力量有多大

如果你损失了一些钱，你并没有损失什么；如果你失去了一些朋友，你失去的可就大了；如果你失去了信誉，那一切都完了。

人不能是孤独的动物。要想自由地活在世上，需要互相信任，互相帮助。互信互助不但使我们进步，而且是心理安定的力量。并且可以帮助我们完成力所能及和不能及的任务，为你享受生活节省下很多空间和时间。没有互信，我们一定会走入困境。孔子说：人与人之间如果失去互信，就好像车子失去驱动力一样，根本发动不起来，又如何谈得上奔驰呢？

就个人而言，互信就像食物一样重要。我们如果不信任别人，便会失去

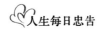

诚恳的态度。我们如果长期戴着假面具，就要迷失自己，那会多么难受呀！要想受人爱戴，就得先信任人。另一方面，如果和互相信任的人在一起，我们便放心了。也感觉更加自在了。心理学家弗洛姆曾说："有了信心才有爱。"很明显，夫妻之爱建立在互信上，亲子之爱建立在互信上，朋友之谊当然也建立在互信上。

人与人相处，全靠信任。老师要是能使堕落的学生相信他对他们只怀好意，那么他的教育就差不多成功了。精神病学专家要耗费大部分时间劝精神错乱的病人相信他们，才能动手治疗。人与人必须怀着好感，互相信任，个人的日子才不至于过得一塌糊涂。

为什么有些人不能对别人产生信任呢？是他太好猜疑。人家本来对你怀有好感，或者曾经是好友，他却以人家某句不经意的话，某一个无意识的动作或眼神，便怀疑别人背后给你上套儿，在暗中捣鬼，在议论自己，在中伤自己，说自己坏话，破坏自己的家庭而生出偏见，中断交情，毁了事业。

要增进彼此间的信任，我们首先必须相信自己。自觉不如人和能力不够的人，是不能信任别人的。不过，自信并不就是以为自己毫无缺点，我们必须相信自己的地方也就是必须相信别人的地方。那就是：相信自己确实在尽自己的能力和本分做事，不管有没有成功，有没有成就。其次，信任必须脚踏实地。有位因信任别人而被人欺骗的男士说："信任别人有时很危险，你可能受人愚弄。所以当你打算听从别人的话时，要慎重考虑。"

真正的信任，不是天真的轻信。信任不是建立在虚幻之上，而是要用心去发掘别人的长处，相信他，不迟疑地信任他。

作家怀特曼说："不信任人，就不能成就事业；不信任人，也不能成为好人。"诗人爱默生说："你信任人，人家才对你忠实。以伟人的风度待人，人才表现出伟人的风度。"既能相信自己，又能信任别人，言出必行，那他将是一个受欢迎的人，并能在生活和事业上站在比较高的位置上。

做事要有个算计

凡事预则立，不预则废。不穿防弹衣就上战场，你应该想到会有怎样的后果。孙子曾说："夫未战而庙算胜者，得算多也；未战而庙算不胜者，得算少了。多算胜，少算不胜，而况于无算乎？"

美国汽车大王亨利·福特是世界名人，他的伟大始于他的目标远大。他在自传中写道：我将为广大群众制造一种汽车，它大得足够一家人乘坐，但也小得只要一个人维护就够了。它是按照现代工程技术设计出的最完美的图样，然后用质量最好的材料、雇用最优秀的人员制造出来的。但是它的价钱很低，以至于工资不高的人也能买上一辆——并与其家人在上帝所赐予的广阔天地里享受快乐的时光。

目标确定以后，福特先生就开始了他事业的毕生追求。

1987年6月6日，亨利·福特先生离开了他为之奋斗、追求了大半生的汽车事业。美国各大报纸纷纷发表讣告和文章，表示对他的深切悼念。其中美国《纽约时报》写道……当他来到人世时，这个世界还是马车的时代。当他离开人世时，这个世界已经成了汽车世界。他为"大众"造车，大众既是熟练机械师亨利·福特的受益人，也偶然成为使他受益的人。

要想把握自己的人生，制造甜美的尽如人意的生活，就必须设定明确的目标，做到未雨绸缪，有的放矢。同时，你要必须为它而努力，确信有能实现的宏伟蓝图。

伟大的目标是铸成伟大成就的前提。

成功的道路是目标铺成的，设计人生的第一步，无疑应是为自己找一个明确的目标。

目标是一种目的，一种意向，是一个引导着我们不断奋斗的梦。目标不是模糊的意念，"我希望我能"，而是清晰的信念，"我要那么做""除此之外别无他想"。

有目标的人像逝去的落花，总要找片小小的净土来停留自己芳香的身体，然后积蓄下一个春天的美丽；没有目标的人犹如水上的浮萍，东飘西荡，不知何去何从，自然得不到人们的怜惜，当然也就不会有另一个明媚人生的开始。

目标一如空气，是生命不可或缺的补给。没有目标的人生不能成功，如同没有空气，人无法存活一样。

明白了你的命运来自你的奋斗目标，就会给自己一个希望，就在你的内心祈祷，你对自己说：我一定要做个成功的人。只要你这样想、这样做，你就一定会像你所想象的那样，成为一个成功的人，并且，得到人们敬爱的花环。

第四章

心灵的阳光能够照亮原野

　　如果你愿意付出，那么自然不会有人辜负这份好意。世界上最大的受惠者即是施恩者，如果你也有这种胸襟，那么就会功到自然成。

　　你没有博爱，或者你有眼光；你没有资本，或者你有头脑；你没有财富，或者你有洒脱；你没有美貌，或者你有气质。只要心中还有个信仰，你就是个让人羡慕的个体，一切努力还都不算晚，不算多。

时间啊时间

有一种东西，它舍身忘我地教你成长、做事，它不遗余力地给你所赚取的生活，同时，它也毫不怜悯地收回你使用到期的一切，它的名字叫做时间。

一位天文家说：先知，关于时间，你是怎样看的呢？

他于是答道：

你们要测量无法也无从测量的时间。

你们想依照时辰和季节调整你们的行为，甚至引导你们的精神。

你们想挖掘一条时间的溪流，然后坐在岸边目送淙淙流水。

然而，你内心那不受限制的灵魂，却意识到了生命的无限。

并且明白昨日不过是今日的回忆，明日不过是今日的梦想。

在你们心中歌唱和冥思的，仍然居于最初繁星满布于星空的那一瞬间。

你们之中有谁会感觉不到爱的力量无边？

有谁会感觉不到爱虽然无边，却萦绕在他周围，无法在相异之爱的思绪中流转，也无法在爱的行为中挪移？

时间难道不正如爱，不可分割而又无边无际吗？

但你们若认为必须用季节来衡量时间，那就让每一个季节都蕴涵其他的季节。

让今天用回忆拥抱过去，用热望拥抱未来。

"逝者如斯夫，不舍昼夜"，时光在飞速地流逝，任谁也不能攀住它停留片刻。正是从这种时光的不可抗拒的流逝中，我们领悟到了生命的宝贵和人生的意义所在，你从而懂得了必须珍惜时间，珍惜现在可以把握的今天，过好自己的人生。事实上，面对时间的流逝，我们每个人随时都在对自己的人生作出选择。寻欢作乐、无所作为、游戏人生是选择；孜孜不倦、争分夺秒、埋头苦干也是选择。不同的选择把人们导向不同的生活之路，使人生呈现出不同的色彩与价值。

众所周知"一寸光阴一寸金"，但真正理解它，明白它的内涵的人不多。时间是最特殊，最易消耗，最不受重视，最没有等待性的资源。它时时刻刻都从我们身边流过。

但是，一种人总是沉浸在昨天的胜利之中，一种人总是陶醉在明天的幻想之中，唯有那一少部分人才会注重今天。无限的"昨天"都以"今天"为归宿，无限的"未来"都以"今天"为源泉。美好的明天都需要今天付出巨大的代价和辛勤的汗水。再宏大的理想，也要去奋斗才能实现，否则它只能是梦想。

人们常说："时间就是生命。"每一个人的生命是有限的，那么属于他的时间也是有限的。当一个人走到生命尽头的时候，他的时间也就此结束。古往今来，珍惜时间的事例不计其数。巴尔扎克深知时间的宝贵，独自埋头于阁楼，奋笔疾书，写出巨著。齐白石青年时期，抓紧放牛打柴的时间，用心琢磨绘画艺术，最后成为著名画家。作家姚雪垠的座右铭是：下苦功，抓今天。他的苦功都在抓每一个"今天"中落实了，从而完成了《李自成》这部杰出的著作。导师马克思又是如何看待时间的呢？——他从来不把时间用在无谓的，没有节制的娱乐、消遣上。工作之余，他甚至把翻一翻字典作为休息，正是这样，他终于写出了巨著《资本论》。

历史上懂得如何珍惜时间而成功的例子举不胜举，由于拖延、浪费时间而招致失败的例子也很多。拿破仑就曾在一次战役中，放了士兵一天假，而

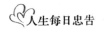

延误了战机，导致战役的失败。

树枯了，有再青的时候；叶子黄了，有再绿的时候；花谢了，有再开的时候；鸟儿飞走了，有再飞回来的时候；而生命消失了，却没有再复活的时候。时间一点一滴地流逝，永不停止；它一步一程，永不回头。对每个人又都是平等的，不会因为你是勤劳者而多给，也不会因为你是懒惰者而少给。所以你就更应该珍惜时间，因为时间是生命的构成。珍惜时间才能得到财富，爱惜时间的人，时间就属于他，放弃时间的人，时间就放弃他。

就这样人见人爱

渴望得到别人的赞美、追求和重视，是人与生俱来的一种特性。它促使人不停地奋斗，在别人的赞赏中得到自重感。但是，我们想的都是有关荣耀的报偿，而不是如何努力去赢得这份荣耀。

别人没有理由去喜欢你，要想赢得别人的尊重和爱，就必须让你自己成为一个让人喜欢和尊重的人。你自己具备别人身上难以找到的优秀品质，形成自己独有的惹人喜爱的个性。

正如孔子说的："最重要的，不是别人有没有爱我们，而是我们值不值得被爱。"要想赢得别人的友谊或感情，必须先不去担心别人是否喜欢我们，而是要用心去改善自己，增进能让别人喜欢你的优良特点。

玛丽·安德森曾经很感人地描述她早期的生活——她那时事业失败，整个人意志消沉，差点儿就要告别舞台。后来，她才慢慢恢复勇气和信心，准备继续为自己的事业奋斗下去。有一天，她兴高采烈地向母亲说道："我要再唱下去！我要每个人都喜欢我！我要创造完美！"

母亲对她说："那是个迷人的目标，但是，要知道，人在成就伟大的事业之前，必须先学会谦卑。"玛丽听了深有感触，因此决心在音乐造诣上追求十全十美，而且是"想要"完美。"谦卑先于伟大。"这是母亲给她的忠告。

赢得别人注意的最好方法，就是不要去担心结果如何，不要太在意别人是不是喜欢我们。只要我们开始采取行动，努力去实践那些将会激发爱和友情的事。我们不妨细心体会一下威廉·奥斯勒爵士所说的话："不用为朦朦胧胧的未来担忧，只要实实在在地为现在努力即可。"

著名作家荷马·柯罗卫是一个广受欢迎的人，只要碰到他的人，无论是清洁工、百万富翁、妇孺老幼——都会在与他相处一刻钟之内，对他产生好感。他既不年轻，又不潇洒，更不是富豪，他有什么吸引力呢？很简单，因为他一点也不矫揉造作，并且能让别人感觉到他真的喜欢、关心他们。

儿童会爬到他的膝头，朋友家的佣人会特别用心为他准备餐点，假如有人宣布："今晚荷马·柯罗卫会到这里来！"那么当天的宴会一定没有人缺席。除了朋友间深厚的感情之外，荷马·柯罗卫的家人也都十分敬爱他。他的妻子、儿女，也全都对他赞誉有加。

荷马·柯罗卫从不担心交不到朋友——因为他已经是每一个人的朋友。他不注重别人是否喜欢自己，只是一心一意去爱别人。这就像格鲁大使所说的："外交的秘诀可用一句话来概括'我想要喜欢你。'"有经验的推销员一定都懂得，如果你一直担心产品是否卖得出去，就一定会造成心理上的障碍，反而无法正确介绍产品。成功人士认为，好的销售员不会去关心买卖是否能成交，而是一心一意去服务顾客。

打高尔夫球的人，目光通常都集中在球上。柯维在教导学生如何与人沟通的时候，常常告诉他们把注意力集中在所要传达的信息上面。如果一个人遇事过于在意成效如何，就容易产生紧张、害怕等不良情绪。

有一次，他准备发表一次演讲，当时的听众据说相当难缠。他难免流露出紧张的情绪。"假如听众不同意我讲的话，怎么办？"他忧心忡忡地问一位朋友，"假如他们不喜欢我，该怎么办？""是啊，"朋友回答道，"他们为何要喜欢你呢？你要为他们干什么？你认为自己要讲的内容很重要吗？"

"我承认在我看来，我讲演的内容很重要。"柯维回答说。

"接着说，"朋友说，"我倒觉得听众喜不喜欢你并不重要。重要的是你有没有把想讲的内容讲出来。至于他们喜欢或讨厌你，又有什么关系呢？你已经胜利地完成了你的任务。"

朋友的这番话改变了他对演讲的整个看法。他体会到自己只不过想传达某些信息，而不是要刻意显露自己的学问或风采。他演讲的目的是要带给听众一些鼓舞性的思想，以便对他们的生活有帮助，而不是其他。结果他的演讲赢得了在场所有人的认同和赞赏。

为了要得到友谊和情爱，我们必须先认清本末先后，要想赢得爱，先要值得被爱；要想赢得朋友，先要表示友善；要想赢得别人对我们感兴趣，就得先要对他们发生兴趣。

爱的奉献

奉献是一种博大的爱，如果不想让生，如尘粒般渺小，死，如雪片般轻飘，就让爱，帮你赢得生命获得永生的机会。

这里有两个小故事，讲述了关爱的伟大力量，希望能滋润我们日渐干涸的心灵。

望着 7 岁的女儿够牵着她那只桀骜不驯的小羊走进"麦迪逊县幼畜拍卖所"的拍卖场时，爱丽斯的妈妈的心中充满了忧虑。

目前，爱丽斯正与癌症进行着顽强的搏斗。这是几个月来她第一次远离医院和化疗，到户外来玩。对于这次拍卖，爱丽斯充满了很高的期待，她盼望能借这次机会赚到一笔数目可观的零花钱。当她决定和小羊分开时，心中还是有些犹豫不决，可是一想到市场上小羊平均一磅只能卖到两美元，爱丽斯便希望通过这次拍卖多赚一些钱。于是，她把小羊牵上展台给人们观看，接着，拍卖开始了。毕竟家里为了给她治病已经倾其所有了。

在竞价前，拍卖人罗杰·威尔逊突发灵感讲的一段感动人心的话，带来了意想不到的效果。他说："我想我们应该让大家知道爱丽斯的情况并不太好。"他希望他的介绍能抬高投标价格，哪怕是高一点儿也好。

结果，小羊以一磅 11.5 美元的价格卖了出去，然而，买主把钱付清之后，决定把小羊归还给爱丽斯，以便它能再被拍卖一次。

他的这个举动引发了一系列的连锁反应，很多家庭一而再再而三地将小羊竞买下来，然后再还给爱丽斯。当地的一些商家也开始加入了这个买进归还、再买进再归还的循环。爱丽斯的妈妈只记得第一次拍卖时的情形了，在那之后的数次拍卖，她都因为人们一直不停地高喊"再卖一次！再卖一次！"而感动得泪流满面。

那天，爱丽斯的小羊总共拍卖了 36 次，而最后一位买主仍旧好心地将小羊还给了她。拍卖结束时，爱丽斯总共获得了 1.6 万多美元，用来支付她的医疗费用。而且，她仍旧拥有那只已经闻名遐迩的小羊。

小小的施舍，不会使河流干涸，并且能滋润另一个行将枯萎的生命。

1921 年，路易斯·劳斯出任某监狱的典狱长，那是当时最难管理的监狱。可是 20 年后劳斯退休时，该监狱却成为一所提倡人道主义的机构。

当劳斯被问及该监狱改观的原因时，他说："这都归功于我已去世的妻

子凯瑟琳，她就埋葬在监狱外面。"

凯瑟琳是三个孩子的母亲。当劳斯成为典狱长时，每个人都警告她千万不可踏进监狱，但这些话拦不住凯瑟琳！第一次举办监狱篮球赛时，她带着三个可爱的孩子走进体育馆，与服刑人员坐在一起。

她说："我要与丈夫一道关照这些人，我相信他们也会关照我，我不必担心什么！"

一名被定有谋杀罪的犯人瞎了双眼，凯瑟琳知道后便前去看望。

她握住他的手问："你学过点字阅读法吗？"

"什么是点字阅读法？"他问。

于是她教他阅读。多年以后，这人每逢想起她的爱心还会流泪。

凯瑟琳在狱中遇到一个聋哑人，结果她为了与他交流，自己到聋哑学校去学习手语。

许多犯人说她是圣母玛利亚的化身。在1921年～1937年之间，她经常造访，并且帮助那些犯人服刑的监狱。

后来，她在一桩交通意外事故中逝世。第二天，消息立刻传遍了监狱，大家都知道出事了。

接下来的一天，她的遗体被放在棺里运回家，她家距离监狱3~4里路。代典狱长早晨散步惊愕地发现，"那大群最凶悍、看来最冷酷残忍的囚犯，竟齐集在监狱大门口！"

他走近去看，他们的脸上竟带着悲哀和难过的眼泪。他知道这些人敬爱凯瑟琳，于是转身对他们说："好了，各位，你们可以去，只要今晚记得回来报到！"然后他打开监狱大门，让一大队囚犯走出去，在没有守卫的情形之下，走3~4里去看凯瑟琳最后一面。

结果，当晚每一位囚犯都回来报到。无一例外！

我们经常抱怨自己得不到重视，成不了名人、伟人，实际上反省你自己，原来是做得不够好，不够深入人心，你的爱还未能得到所有人的认可，所以你还是平凡庸俗着。当你把付出的爱当作一项有趣的事业，专心经营的时候，成就才会比你想象的来得快得多，多得多也有价值得多。

不为工作狂

工作是必需的。假如你想拥有良好的精神状态和理想生活，那就请你开始工作，直到你感到疲劳为止。但是，不要让自己成为工作狂。在感到筋疲力尽之前，可以不停止工作。良好的精神状态既可以被过度的工作破坏，也可以被游手好闲破坏。

不可否认，我们生活在人类历史上技术比较先进的时期。对那些让我们的生活变得如此简单的发明，都应该心存感激。无论你是在做什么工作都要求人们全身心地投入。尽管如此，如果没有手机、掌中宝、传真机、笔记本电脑、互联网、激光打印机、复印机、喷气式飞机和装有卫星导航系统的汽车（我这里只举一些例子），你可能什么也做不了。

然而，在这些高科技给人带来便利的同时也引发了许多问题。《今日美国》最近刊登了一篇文章，详细讲解了一些高新技术在提高生产力的同时，所带来的负面影响。文章说，临床医学专家奥菲尔·祖尔组织了一次主题为"速度.com：探寻新千年的意义"的会议。这次会议是在工作压力巨大的硅谷中心地带举行的。祖尔在他的听众中发现，有许多人面容憔悴、焦虑不安，却又在强打精神注意自己的举止。他说："每当病人把手机或笔记本电脑带入诊所，甚至在诊治时也要使用它们时，我就会加以警觉。"

　　祖尔进一步说："我们已经被对速度的追求所困扰。最终总是要制定一堆计划，却又无法完成；时间表安排得满满的，可又不能遵守。这些节省时间的发明，反倒让我们连一点空闲的时间都没有了，真是件怪事！"

　　一位工作压力极大的秘书对老板说："这次'突击'结束后，我也要得神经衰弱了。我自作自受，罪有应得。谁也帮不了我。"

　　你有与这位女士相同的感受吗？坦白地说，在生命中的这个阶段，你会忙得连得神经衰弱的时间都没有。即使得了，你也会忙得无法享受它！

　　毋庸置疑，速度的问题加大了人们的压力。对速度的过分追求已经使人们付出了巨大代价。简而言之，速度的提高扰乱了我们内心的平安。不久前，我们还在用季节计算时间的流逝，但季节很快就被月历所代替，而月历又被每日计划所替换，每日计划又被每分钟安排所取代……

　　我们到处都可以看到各种各样的压力。到超市购物，你会看到收银员与你几乎没有什么交流，只是机械地扫描你的货品，报出货款总额，然后在收银机上与你道别，因为他们的速度和效率都受到计算机的监控。如果你试图在电话里与电话销售人员或接线员聊上几句，你绝不会成功的，因为他们都是按照分钟绩效的原则工作的。这种对速度和时间的过分追求会带来什么样的后果呢？只会使人们更加缺乏耐心和宽容，举止也愈加粗鲁。

　　毫无疑问，工作场所是压力的主要温床。没有人能幸免于压力和绝望的困扰。生活就如同在高速公路上飞奔，在这条路上只有两种行人，一种人快速前行，另一种人死于道旁。压力这个单词正是来源于拉丁语，意思是"紧紧地勒住"，有一种令人痛苦的意思在里面。一个人，如果内心失去了平静，那生活中的一切又有什么价值呢？在混乱的生活中，内心平静的重要性也在与日俱增。

　　面对工作，该让自己停下来的时候一定不要犹豫，否则你将会为此受很多的苦，比如疾病，比如精神失常，总之得不偿失。

重新开局

前些天，在为一家公司干了10年的你，失业了。从此，你要使自己振作起来而不至于太颓废付出了很大的努力。你的自信心受到了很大的打击，婚姻也遭受了极大影响。你绝望了吗？不！失业只不过是将你放回原点，一切，都将是新生活的开始。

张健是一个很有事业心的人，他在一家业务公司跟着老板一干就是5年，从一个刚毕业的大学生一直做到了分公司的总经理职位。在这5年里，公司逐渐成为同行业中的佼佼者，张健也为公司付出了许多，他很希望通过自己的努力让企业发展得更快、更好。然而就在他兢兢业业拼命工作的时候，张健发现老板变了，变得不思进取、独断专行，对自己渐渐地不信任，许多做法都让人难以理解，而张健自己也找不到昔日干事业的感觉。

同样，老板也看张健不顺眼，说张健的举动使公司的工作进展不顺利，有点碍手碍脚。不久，老板把张健解雇了。

从公司出来后，张健并没有气馁，他对自己的工作能力还是充满了信心。不久，张健发现有一家大型企业正在招聘一名业务经理，于是将自己的简历寄给了这家企业，没过几天他就接到面试通知，然后便是和老总面谈，最终顺利得到了这一职位。工作了大约一个月时间，张健觉得自己十分欣赏该公司总经理的气魄和工作能力。同时，他也感到总经理同样十分赏识他的才华与能力。在工作之余，总经理经常约他一起去游泳、打保龄球或者参加一些商务酒会。

在工作中，张健发现公司的企业图标设计相当烦琐，虽然有美感，但却缺乏应有的视觉冲击力，便大胆地向总经理提出更换图标的建议。其实总经理也早有此意，总经理把这件事，安排给他去完成。为了把这项工作做好，

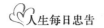

张健亲自求助于图标设计方面的专业人士，从他们设计的作品中选出了比较满意的一件。当他把设计方案交给总经理的时候，总经理大加赞赏，立马升张健为公司副总，薪水增加一倍。

是的，被解雇并不是一件坏事，张健面对无情的解雇，他一样凭借着才能找到了更适合自己的工作，而且得到了一位真正"伯乐"的赏识。

苦尽总会甘来，你要知道，被解雇只代表某段就业经历的结束，虽然前方会伴随迷茫，但也充满机遇和广大的空间。刘欢曾唱过一首《从头再来》，歌词给许多人带来了心灵的鼓舞。"一切只不过是从头再来……"忍耐一下，挺一挺一切挫折都会过去。人生的重新开局，你才有可能成为赢家。

"不公平"也要快乐起来

凡事都讲求公平，那么一切都将不复存在。要知道，它是代表绝对的理性，而这个世界上没有任何绝对的。因此，面对生活中的"不公平"，如果能换个角度去考虑，也不是让人接受不了的事情。况且你还会可能因此而为自己聚集福气。

茶余饭后，老王戴上老花镜，跷起二郎腿，专心致志地看起报纸来……

"××市××厂一青年技术员，刻苦两年，发明的专利为技术厂长巧取豪夺，青年据理力争，备受迫害……"

"唉！"老王长叹一声，"年轻人真是不懂事。厂长固然可恨，青年也是可气，年轻人早遇着我老人家就好了。"

是的，这样的事也一样发生在老王身上，效果却天差地别。

30年前，老王毕业被分配到一家研究所工作，正值青春年华，满怀豪情壮志，他三伏九寒勤耕不辍，一年半过去了，嘴巴两边长长的胡须掀动着自豪——他终于设计出一台简易降耗的减速装置！

然而，欣喜却被不平代替，研究所所长技术平平却手腕通天，为了获取"名誉"暗度陈仓，对他恩威并施，要以发明的主要技术负责人自居。条件是利益共享，老王将很快被提级重用，工资加一级。

老王闷睡三天后，故作爽快地答应了所长的要求。于是，所长的名字在专利证书上烫下了金色的"永恒"，他也被暗地"擢升"为技术科长，他的才干也逐渐发挥……

几乎是同样的一种事，同样是"不公平"，老王却"坦然"接受了，并在这个基础上取得了更大的成就和发展。

是的，像这样"不公平"的事很令人气愤，然而"大鱼吃小鱼，小鱼吃泥虾"的不平事生生世世都没有停止过。不仅如此，就连现在家庭中，也一波又一波地爆发着"公平"之争。看这家几兄弟争老爹老妈的财产，恩断情绝。那家的夫妻均有外遇，理由是既然你不在乎，那么为了"公平起见"，我干吗还要在乎？面对如此多的"不公平"，我们该如何招架？

心平气和，冲动只会误事。这个世界本来就是一个相对公平的世界，不公平是常有的事，物质的绝对存在并不是说就必须有着绝对的公平。魏征忠谏，明君太宗因之生恨，范蠡帮助勾践建业，功成身退，免遭了一场杀身之祸。由此可见，公平是一种客观存在，更是一种主观的努力，所以，我们要出局观局，平心待之。假若有能力与"不公平"搏一场而无损"不公"何妨，关键是你得有真本事，有吃掉压榨你的"大鱼"的资本。

对于亲情而说，根本没有公平可言。如果你对此也要斤斤计较，那么，就只能用"冷血动物"来形容你了。而且，你将会因此忍受"公平"后的孤独的惩罚。

单纯成就事业

单纯的人是幸福的。正像一个杯子，他可以满心欢喜地用来装满愉快的事而不给忧愁留一点地方。对于事业，也因为有了单纯所以专注，才可以心无旁骛地到达登峰造极的状态。

一个富裕的农场主在巡视谷仓时，不慎将一只名贵的手表遗失在谷仓里，他在偌大的谷仓内遍寻不获，便定下赏金，要农场里的小孩到谷仓帮忙，谁能找到手表，就给他 50 美元。

众小孩在重赏之下，无不卖力地四处翻找，但是谷仓内满坑满囤尽是成堆的谷粒，以及散置的大批稻草，要在这当中找寻小小的一只手表，实在是大海捞针。

小孩们忙到太阳下山仍无所获，一个接着一个放弃了 50 美元的诱惑，一起回家吃饭去了。只有一个贫穷的小孩，在众人离开之后，仍不死心地努力找着那只手表，希望能在天黑之前找到它，换得那笔巨额赏金。

谷仓中慢慢变得漆黑，小孩心里害怕极了。但是因为那不菲的赏金，仍不愿放弃，手上不停地摸索着，突然他发现在人声静下来之后，出现一个奇特的声音。

那声音"滴答、滴答"不停地响着，小孩登时停下所有动作，谷仓内更安静了，滴答声也听得十分清晰。小孩循着声音，终于在偌大漆黑的谷仓中找到那只名贵手表。

我们每一个人都在搜寻梦想的路上，而这道路总是不甚明亮的，梦想就是那只需要专心对待的表。成功不是会拱手相送的事，我们遇上的那些障碍，如何能够越过并直抵成功的终点，是我们必须学习与研究的重要问题。

日趋进步的社会，带来日益繁复的各类资讯，甚至连带的，使得人与人之间的关系也变得更加复杂。许多人认为想要成功，就得在这些复杂的障碍中理出一条清晰的大道来，方便自己行走。于是便求助于迷信或算命占星等方式，企图提早看清自己未来的方向何在。

正如故事中众人纷乱地找寻手表一般，如果不能真正了解成功的法则，再多的问卜相命，不仅是徒劳无功，同时也损失自己的金钱。其实，真正的大师应该是你自己。

成功的法则其实很简单，而成功者之所以稀少，是因为大多数人都认为太简单了，而不信或不屑去做。

专注与单纯，是成功法则中极重要的两项态度。正如故事中贫穷小孩一般，为了获得巨额赏金改善生活，在众人放弃后，执意要找到手表，甚至克服了对黑暗的恐惧。而在谷仓安静下来之后，当周遭环境不再复杂，他便轻易地找到了他所要的。

成功法则正如谷仓内的手表，早已存在你的心中，只要你真的要去找到它，并且让自己静下来，耐心而单纯地思考，你将可以听到清晰的滴答声。

如果你能循着这个声音找下去，而能不被外界纷繁诱人的果子所干扰，不被万紫千红的世界所迷惑，那你即将成为自己所追逐的那个花园里的顶级花匠，可以快乐而随意地将它打扮成你爱恋的样子了。

哭的效应

泪水总是能够成功地将人打动。即使你是强硬的石块，坚不可摧的精密钢，都抵御不了水流的温柔攻势。成功的路上，泪水是助人成功的秘密武器，

而且大家都有，关键是看你怎样运用了。

据动物园的饲养员介绍，凶残的鳄鱼在吞噬猎物时，总要假惺惺地掉下几滴眼泪。不知这种说法是真是假，但从另外一点折射出了鳄鱼的狡诈之处。现实生活中，有的人为了升官发财，竟然也用哭来达到目的。翻开历史，会哭的男人、女人不少，哭得妙的人哭出了天下，次一点的也哭出个财运亨通。

三国时期，蜀主刘备是精于哭道的高手。说得夸张些，刘备能当上蜀国皇帝，与他爱哭会哭，是分不开的。李宗吾在《厚黑学》中称刘备的特长"全在脸皮厚，依曹操，依吕布，依刘表，依孙权，依袁绍，东窜西走，寄人篱下，恬不知耻，而且生平善哭。写《三国演义》的人，更把他写得惟妙惟肖，遇到不能解决的事情，对人痛哭一场，立即转败为胜。"俗话也有"刘备的江山是哭出来的"说法。哭的确是办事时的"秘密武器"。

亚伯拉罕·林肯出身于一个鞋匠家庭，而当时的美国社会非常看重门第。林肯竞选总统前夕，在参议院演说时，遭到了一个参议员的羞辱。那位参议员说："林肯先生，在你开始演讲之前，我希望你记住你是一个鞋匠的儿子。"林肯看看他，没有表现出愤怒的样子，而是深沉地说："我非常感谢你使我想起我的父亲，他已经过世了，我一定会永远记住你的忠告，我知道我做总统无法像我父亲做鞋匠做得那么好。"听了林肯这一席话，参议院陷入一阵沉默里，林肯又转头对那个傲慢的参议员说："就我所知，我的父亲以前也为你的家人做过鞋子，如果你的鞋子不合脚，我可以帮你改正它。虽然我不是伟大的鞋匠，但我从小就跟随父亲学到了做鞋子的技术。"然后，他又对所有的参议员说："对参议院的任何人都一样，如果你们穿的那双鞋是我父亲做的，而它们需要修理或保养，我一定尽可能帮忙。但是有一件事是可以肯定的，我无法像他那么伟大，他的手艺是无人能比的。"说到这里，林肯流下了眼泪，所有的嘲笑都化成了真诚的掌声。后来，林肯如愿以偿地当上了美国总统。

作为一个出身卑微的人，林肯没有任何贵族社会的资本。他唯一可以倚仗的只是自己出类拔萃的扭转不利局面的才华，这是一个总统必备的素质。正是关键时刻的发自内心的肺腑之言，使他赢得了别人包括那位傲慢的参议员的尊重，抵达了生命的辉煌。林肯在关键时刻的眼泪，让人们看到了他的铁骨柔情，从而为他赢得了最后的成功。

男儿有泪不轻弹，只是未到伤心时。对于一位情感丰富的男子汉来说，哭未必就是罪过。只要巧于用哭，善于用哭，用"哭"办成了事情，就是值得高兴的事。

其实哭里乾坤无限，哭的方法千奇百怪，哭的效果奇妙无穷。眼泪是流给别人看的，不要不好意思，要以哭为荣，要哭出感情，要哭出风度，要让人们为你的哭而倾倒。办事时，成功和眼泪是不可分离的，为了成功而哭不亦乐乎！抓住人性的弱点，就能为自己打开成功之门。

看人说话

文科生有文科生的矜持、细腻，理科生有理科生的严谨、果断。如果你不能对症下药，无异于是将烈火投入河水，没有任何效果。要想让火烧得更猛烈，就添把干柴吧！

《鬼谷子·权篇》将"看人说话"的技巧演绎得淋漓尽致："与智者谈话，要以渊博为原则；与拙者谈话，要以强辩为原则；与善辩的人谈话，要以简要为原则；与高贵的人谈话，要以鼓吹气势为原则；与富人谈话，要以高雅潇洒为原则；与穷人谈话，要以利害为原则；与卑贱者谈话，要以谦恭为原

则；与勇敢者谈话，要以果敢为原则；与上进者谈话，要以锐意进取为原则。"这些都是与人谈话的原则。

不同的人爱听不同的谈话内容，这是容易理解的。但困难的是在面对一位陌生的谈话者，你怎么知道他爱听什么、不爱听什么呢？这就要"看"人说话——边"看"边说，边说边"看"。这"看"，即是观察：在与对方谈话时，要善于一边说一边察言观色。

1. 表情泄密

狄德罗曾经说过，一个人的"心灵的每一个活动都表现在他的脸上，刻画得很清晰，很明显"。有时对方口头表示赞同你的意见，但他的眉头却不知不觉地紧皱了起来，或者他的嘴唇突然紧闭，而且嘴角向下撇。这些表情恰恰是内心不愉快的流露。因此他说的赞同的话其实是言不由衷的，或者碍于情面，或者屈于权势，才不得不这样说的。

2. 肢体语言

几乎每一种体态，每一种动作都是一种特殊的语言，都在宣泄着一个人的内心世界。问题在于我们要能看懂这些体态表情，要能领会它们的内在含义。假如与你谈话的人双脚并立，双臂交叉在胸前，这就表明此人对你怀有某种敌意，他在作自我防卫；而当他不仅双臂交叉，而且双拳紧握时，那就是说他不只在自卫，还要向你进攻了。又如，如果谈话者常向你摊开双手，这就表明此人是真诚坦率的，他对你毫无提防之心。

3. 直接从言语中挖掘

与人交谈时不但要看他说什么，而且还要看他怎么说。这就是要从对方说话声音的高低、强弱、快慢、腔调等等看出他的言外之意，听出他的弦外之音。这是因为说话声音的种种变化不但是表现一个人的性格——急性的人说话节奏快、声音响亮，慢性子说话节奏缓慢、声音低沉——而且能够表明一个人的情绪与心境，例如，忧伤时语速慢、声音低、节奏平缓，而兴奋时与之相反，语速快、声音高、节奏强烈。

所谓"看人说话"，主要是"看"上述三种表情。从这些表情变化中，我们便可随时猜度对方的心理态势，透视对方的心理需要，然后也就可以随时调整自己谈话的内容与方式，使之更适应对方的思维线索。这样，说话便可获得预期的良好的效果。

看人说话，将使你在成功的道路上一路绿灯，处处顺畅。

每天进步一点点

千里之行，始于足下。如果不愿每日充实自己，又梦想一步登天，这简直是可笑之极。一个聪明人应该懂得，每天都要让自己进步一点点，哪怕只是比他人多记住一个单词，一个月下来，你的收获也是相当可观的。

洛韦杰 3 年前在一家合资企业担任媒体宣传总监，因为忙于应酬，在"干杯"声中一晃 3 年就过去了。3 年后的今天，他的一名下属学历比他高，能力比他强，经验也在数年的商海中获得了积累，销售业绩惊人，在公司最近的绩效考评中名列第一，将洛韦杰从他自以为牢靠的位子上拉了下来，留给洛韦杰的除了美好回忆和一个有脂肪肝的身体外，唯有一声叹息。

20 世纪 70 年代的时候，欧美一些未来学家曾预言："当人类跨入 21 世纪时，每周的工作时间将压缩到 36 小时，人们将会有更多的时间休闲娱乐。"但当历史真的迈入 21 世纪时，人们却惊讶地发现，相当多的人每周工作时间在无限延伸，而那些不想工作、只重娱乐的人都被"剥夺"了工作的权利，被市场无情地淘汰和抛弃了。未来学家们的美好预言被残酷的事实无情地击

了个粉碎！假如你不提高自己，可能就会被别人超越。

"每天提高1％。"这是一位经理人时刻告诫自己的一句话。有眼光的职业人都懂得这样一个道理。只有每天不断地进步与突破，你才能摘取成功的桂冠。一个人要获得伟大的成就，必须天天获取一些小成就，因为大成就都是小成就不断累积的结果。假如你每天都没有进步，没有成就，那么在心理上你可能永远都不会认同自己，没法获得必胜的信心。

音乐大师们每天都必须进行练习，为了保持现有水平，他们不得不付出大量的时间。一位古典音乐家坦言："一天不练，自己知道。两天不练，妻子知道。三天不练，听众知道。"

每天都让自己得到这1％的进步不是空谈，而是有方法可循的。那么怎样更科学合理地安排，时间才不致落空呢？

1.早上少睡一会儿。你想寻求一种能提高个人办事能力的简便有效方法吗？那么就请你每天提前一个小时起床上班。提前的这一个小时不会使你感到困倦，相反只能为你带来意想不到的良好效果。

2.不要把时间花在不必要的事情上。尽力避开浪费时间的活动，比如参加那些专业协会、社区联防队、志愿者团体等，你一定要肯定其确有价值而且自己感兴趣才行，不要去参加那种自始至终你都是一个盲目跟从者的会议，即使你在该组织中担任领导职务，那样也只会浪费你和别人的时间。

3.让脑筋转得快一些。像其他任何事情一样，思考也是一个不断进步的过程，它可以被传授，被学会，可以被实践和发展。

4.最佳饮食原则节省时间。在实施全套提升体能计划之前，工作中注意以下两点：不要在午饭上花费太多时间，否则会使你恹恹欲睡；应试着"少食多餐"。

5.自己只能在一两个小时之内保持最高效率，这是集中精力工作的最佳时间长度。研究表明，全神贯注于某种活动90～120分钟后，精力便难以继续集中。这时你需要休息一会儿，以便于体内进行生化反应，恢复体能。

6. 工作时不应饮酒。酒精会使你睡眼惺忪，影响思维能力。在工作午餐时，可以要一杯柠檬汽水或冰茶，而非葡萄酒或鸡尾酒。

"每天提高 1%"的威力是无穷的，只要我们有足够的耐力，坚持到"第28 天"以后，你进步的程度会让自己都感到惊讶。

一个人，如果每天都进步一点点，就没有什么能阻挡他抵达成功。成功与失败的距离其实相隔不远，就是在别人都静止的时候你能够向前行进，哪怕只比他多做 1 分钟。

压抑愤怒等于自杀

有了负面情绪如果不能发泄出来，无异于引火自焚。

一天深夜，一个陌生女人打电话来说："我恨透了我的丈夫。"

"你打错电话了。"对方告诉她。

她好像没有听见，滔滔不绝地说下去："我一天到晚照顾小孩，他还以为我在享福。有时候我想独自出去散散心，他都不肯；自己却天天晚上出去，说是有应酬，谁会相信！"

"对不起。"对方打断她的话，"我不认识你。"

"你当然不认识我。"她说，"我也不认识你，现在我说了出来，舒服多了，谢谢你。"她挂断了电话。

生活中，大概谁都会产生这样或那样的不良情绪。每一个人都难免受到各种不良情绪的刺激和伤害。但是，善于控制和调节情绪的人，能够在

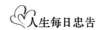

不良情绪产生时及时消释它，克服它，从而最大限度地减轻不良情绪的影响。

不良情绪产生了该怎么办呢？一些人认为，最好的办法就是克制自己的感情，不让不良情绪流露出来，做到"喜怒不形于色"。但人毕竟不同于机器强行压抑自己的情绪，硬要做到"喜怒不形于色"，把自己弄得表情呆板，情绪漠然，不是感情的成熟，而是情绪的退化，是一种病态的表现。

那些表面上看起来似乎控制住了自己情绪的人，实际上是将情绪转到了内心。任何不良情绪一经产生，就一定会寻找发泄的渠道。当它受到外部压制，不能自由地宣泄时，就会在体内发泄，危害自己的心理和精神，造成的危害会更大，因此，偶尔发泄一下也未尝不可。

有些心理医生会帮助患者压抑情感，忽略情绪问题，借此暂时解除患者的心理压力。患者便对负面能量产生一定的控制力，所有的情绪问题似乎迎刃而解了。

压抑情绪或许可以暂时解决问题，但是等于逐渐关闭了心门，变得越来越不敏感。虽然你不会再受到负面能量的影响，却逐渐失去了真实的自我。你变得越来越理智，越来越不关心别人。或许你可以暂时压抑情绪，但在不知不觉中，压抑的情绪终将反过来影响你的生活。

面对情绪问题时，心理医生的建议是：如果有人伤害了你，你必须回忆整个过程，不断描述其中的细节，直到这件事不再影响你为止。这样的心理治疗方式只会让感情变得麻木。你似乎学会了压抑痛苦，但是伤口仍然存在，你仍会觉得隐隐作痛。

另外有些心理医生则会分析患者的情绪问题，然后鼓励患者告诉自己，生气是不值得的，以此否定所有的负面情绪。这些做法都不十分明智。虽然通过自我对话来处理问题并没有什么不对，但人不该一味强化理性，压抑感情。因为长此下去你会发现，你已背负了沉重的心理负担。

一个会处理情绪的人完全能够定期排除负面能量，而不是依靠压抑情感来解决情绪问题。敏感的心是实现梦想的重要动力，学会排除负面情绪，这些情绪就不会再困扰你，你也不必麻痹自己的情感。

如果你生性敏感，当你学会如何排除负面能量后，这些累积多时的负面情绪就会逐渐消失。此外，你还必须积极策划每一天，以积蓄力量，尽情追求梦想，这是你最好的选择。

快乐是万能方

快乐是一首自由的歌，但它不是自由。它是你们的欲望绽放的花朵，但不是它们的果实。它是深谷对高峰的呼唤，然而它既不深沉也不高耸。它是囚禁在笼中展翅的鸟儿，而不是环抱的空间。哦，的确，快乐是首自由的歌。我愿你们全心全意地歌唱它，不愿你们在歌唱时迷失自己的心。

许多人在心底压抑着对快乐的追求，因为他们觉得那样做是"自私"或"错误"的。无私的确能带来快乐，因为它不仅使我们能够创造一个新的自我，而且在帮助他人的过程中充实自己。人类最快乐的东西就是想到有人需要自己，想到自己很重要，有能力帮助别人得到更多的快乐。但我们必须明确的一点是：快乐不是一种报酬和奖品。它应该像纪伯伦诗歌中所说的，是一种自由，一个寻找过程的自由，无论你是为自己，还是为别人。

快乐不在未来而在现在。很多人不快乐，因为他们总是企图按照一个难以实现的计划而生活。他们现在不是在享受，而是在等待将来发生的事情。

他们以为等到自己找到好工作之后，买下房子以后，孩子大学毕业以后，完成某个任务或取得某种胜利以后，就会快乐起来。这种人恐怕始终都无法快乐起来。快乐是一种心理习惯，一种心理态度，如果不在现在就开始尝试与享受，将来也永远体会不到。快乐不是在解决某种问题后能产生的——一个问题解决了，另一个问题还会出现。生活本身就是一系列问题。如果你想要快乐，你就快乐吧，不要"有条件"地快乐。

快乐来自什么地方呢？快乐其实就来自我们的心灵与身体。我们快乐的时候，可以想得更好，干得更好，感觉得更好，身体也更健康。人在快乐的思维中，视觉、味觉、嗅觉和听觉都更灵敏，触觉也更细微。人进入快乐的思维或看到愉快的景象，视力立即得到改进；有人发现：人在快乐的思维中记忆力大大增强，心情也很轻松。精神医学证明：在快乐的时候，我们的胃、肝、心脏和所有的内脏会发挥更有效的作用。几千年前，贤明的老所罗门王有一句格言："快乐的心犹如一剂良药，破碎的心却吸干骨髓。"

不快乐是一切精神疾病的唯一原因，而快乐则是治疗这些疾病的唯一药方。"疾病（disease）"一词意味着一种不快乐的状态——dis（不），ease（安乐）。最近有一项调查表明，大体上说，乐观开朗的企业家"注意事物光明的一面"，他们比悲观主义的企业家更能有所成就。

我们常说："好好干，你会快乐。"或者教别人"仁慈、爱别人，你就会快乐"。其实更正确的说法是："保持快乐，你就会工作得好，你就会走向事业的成功，拥有宝贵的健康，生活也会更加美满。"

也许你还曾经听过这样的一个故事：

有个王子，一天吃饭时，喉咙里卡了一根鱼刺，医生们束手无策。这时一位农民走过来，一个劲儿地扮鬼脸，逗得王子止不住地笑，终于吐出了鱼刺。

快乐就是保持生命健康的唯一药物，它的价值是千百万，但却不要花费一分钱。

心甘情愿的生活

只有为你所热爱的倾情付出，你才可以得到其中的酣畅滋味，哪怕此时的你正在做着一种"没有出息"的工作。生活，就要心甘情愿，方能理解个中真我。

当你还是学生时你一定发过感叹："背啊！记啊！算啊！考啊！什么时候才会结束？生活怎么能被这么多无聊的东西白白耗费掉了呢！"几年后，你步入了社会，"我终于自由了，放松了！"你兴奋地表露情感。但是很快你便不能适应单位夜班与睡眠、休闲娱乐的矛盾，甚至叹息道："收入不高，又终日紧张，上班都得小跑，天天看老板的脸色……"于是你开始辞职、跳槽、下海、失败、成功，周而复始……

你努力追寻新的生活方式，希望能够享受生活——不过，你肯定还会继续发出悲愤的感叹。

生活的滋味便是如此，看你怎么想，如何看待。你不是画家，但撷取美的片刻是你的心愿；生活本身即是书，即是画。每一天都是内容不同的一本书、风格迥异的一幅画。只因你的脚步太匆忙了，常常忘记去读它、欣赏它，你只是随意地浏览过去，便断言生活是一味地今日抄袭昨日，只是公式化的衣食住行罢了。你羡慕别人光鲜的生活，是否知道他们也正在寻找你这种平淡的幸福呢！

你我都是普通人，平凡之中，应该努力学会享受平淡。一簇插花是艺术的，但不可使每一朵都太绚丽——那样看上去会很刺眼。一簇中只需几朵可人，大多数比较普通，才能展现协调的色调——清雅淡素，生活就应如此平实。仔细想想，在你辛苦地工作与奔波之后，总会有一定的成绩为你带来欣慰——这不正是生活中那可人的几朵鲜花吗？只要保持住这样一种心境，平

凡与朴实就会不断浇开美丽的鲜花，为你装点清雅的生活氛围，这样的欣喜，其实已是足够。

一个农夫想得到一块土地，地主对他说："清早日出时，你从这里往前跑，跑一段就插一根旗杆作为标记。只要你在太阳落山前赶回来，插上旗杆的地都归你。"那人听了之后，就不要命地跑啊跑，太阳偏西了还不知足。太阳落山时他终于回来了，但此时他已经精疲力竭，摔了个跟头倒地就死了，于是有人挖了个坑，将他埋了起来。牧师在给这个农夫做祈祷时，看着面前这座小小的坟头叹道："一个人要多少土地才够呢！就这么大。"

有一位西方人类学家说：人类最不能满足的是欲望。贪婪是每一个人的共性，贪婪时刻给我们带来烦恼。所谓知足常乐，并非叫我们安于现状，而是要求我们正确权衡与处理自己的需求，不要让过分的需求扰乱我们的心情，影响人生的快乐。

是的，当你过分追求某些事物的时候，就连最完美的事物都成了你眼中的疵品。只有满足的心，才会交给你一个满意的结果。而且，只要你愿意，就算是带苦味儿的生活，尝起来都也是甜滋滋的呢！

追求的彼岸，是什么

这个世界最难到达的地方就是你的心灵。

不管怎样，曾经的舍弃与背叛，宽容与放纵，卑劣与痛苦，都如远方岛中的樱花，无悲无喜的飘荡着，恍若隔世。

一琴一剑，一酒壶，潇然出世，笑傲江湖。或许是种梦想，或许是种理想，或许是种情结，都不过是一厢情愿。

可是你我都宁愿沉醉在这美梦之中，去逃避这世间令人孤独的一切，只因为还要对得起自己的心。

若是累了，不妨休息，若是伤了，不妨退出。原本就是一场游戏，赢家不是得到功名利禄者，而是能够控制自我的人，即是我们口中的智者。

但愿你我都能成为这智者，人生就再也无忧。

品味自己

上帝把你创造出来以后，就把那个模子打碎了。对此你应该感到庆幸，这个唯一的"自己"是多么的珍贵。

一位青年正垂头丧气地在河畔来回走动着，他心烦意乱，真想跳进河里一死了之。正在犹豫不决时，一位牧师经过他的身边，停下来问道："小伙子，有什么能帮忙的吗？"

青年深深地叹了口气说："我叫哈维，年近 30 岁却一事无成。家里还有个叫人看了就恶心的黄脸婆，每天不停地唠叨。这样的日子我真受够了。"

神父听后微笑着问道："那么你的理想是什么呢？说出来，看看我能不能帮你实现。"

哈维说："我曾经有三个理想，做像雷诺那样的超级大富翁，做像安东尼那样的高官。如果这两个不能实现，那么我想娶阿格尼兰那样的漂亮女人做妻子。"

神父笑着说："哈维，这很容易，你跟我来吧！"说着，转身就走。

哈维大喜过望，紧紧跟在了后边。

神父领着哈维先来到世界超级富翁雷诺的豪宅，只见他正躺在床上大声咳嗽，脸色蜡黄，面前的金盆里是他刚吐过的带血丝的痰。神父转身对哈维说，雷诺先生不惜牺牲自己的健康追求财富，为了得到财富，他付出了超负荷的精力，结果财富得到了，他却累倒了。他还不知道自己的 4 个儿子正祈祷他早日升天，好早日继承遗产呢。

神父说着，领着哈维来到另一间房间，只见怀特的 4 个儿子正在和几位漂亮小姐喝酒，一副色眯眯的样子。哈维看了十分恶心，不由掉转身子。神父对哈维说："我们再去拜访一下议长安东尼吧！"

两人又来到安东尼的官邸，只见他身边围着几个人，显然是保镖。安东尼吃饭，保镖先尝；安东尼睡觉，保镖都瞪大了眼睛盯着他；就是安东尼上厕所，他们也在马桶旁蹲着。神父对哈维说："安东尼的政敌很多，稍不注意就要遭到黑手，他就是上街散步，保镖都寸步不离。"

哈维叹了口气，失望地说："那他和蹲监狱有什么两样？"神父无奈地摇摇头说："我们再去看看当代最红、最性感的女明星阿格尼兰吧。"说着，他领着哈维来到阿格尼兰的家里。

阿格尼兰正冲一位菲律宾佣人大发脾气，她甚至拿起手里的烟头朝佣人身上扎，佣人的皮肤很快起了泡。佣人硬挺着，不敢呻吟。神父悄悄对哈维说："如果他发出惨叫的话，将招致更严厉的惩罚。"阿格尼兰折磨完佣人，要回房睡觉了，这时一个女佣走进来对她说："小姐，皮特先生求见。"阿格尼兰眼皮也不抬地吩咐道："叫他给我滚出去，今天我已经和他离婚了，与他什么关系也没有了。"佣人小心地答应着要退出去，阿格尼兰又说："顺便带个信儿给他，明天我就要和我的第 12 任丈夫结婚了，他有兴趣的话，可以来参加我们的婚礼。"说完，"啪"一声关上了房门。

哈维看得目瞪口呆。从阿格尼兰家出来后，神父问哈维："小伙子，三个理想，你随便挑一个，我都可以帮你实现。"

哈维想了一会儿，说："不，神父，其实我什么也不缺。与雷诺先生相比，我有他所有金钱都买不来的健康；与安东尼先生相比，我有他没有的自由；至于阿格尼兰嘛，我老婆可比她贤淑善良多了……"

人们总是看不到别人的不幸，只是羡慕他们人前的光彩，并且迷迷茫茫不知自己身在何处。其实，你就是你，特立独行的你，连上帝都会惊呼的"原来是你啊"的你，为什么要去追求别人的生活呢？你应该学会珍惜自己甜美的小日子，仔细品味自己人生的趣味。

耐心的可贵

鳄鱼的可怕之处，就是它悄无声息地潜伏在水中，直到时机成熟才会一跃而起，让可怜的动物在惊恐和绝望中沦丧。人往往也是这样，只有最有耐心的人才成为最令人胆战心惊的终极大赢家。

还记得那是一场怎样的比赛吗？在 2002 年韩日世界杯足球赛上，爱尔兰同德国的那场比赛踢得可谓是惊心动魄。德国队在上一场比赛中以 8 ∶ 0 狂扫沙特队，风头正劲，在上半场就由前锋克劳斯打进一球。然而在下半场，当爱尔兰人拖着几近疲惫到无法站立的腿在场上拼抢时，人们被深深震撼了。整个下半场爱尔兰队打得勇猛而耐心，终于在离比赛结束只剩 25 秒的时候，顽强的爱尔兰人奇迹般地扳平了比分。

爱尔兰人似乎永远不会成为世界杯的主角，可他们展现了自己不屈不挠的禀性：面对强大的对手，比分又处于落后，可他们不愿接受这样的结果。桀骜使得他们更加凶狠，坚强使得他们更加耐心。结果机会终于降临到了不懈追求的人身上，这样的队伍无法让人不感动。因为他们拥有顽强的意志和足够的耐心，就像草原上令人胆寒的狮子。

耐心，是一种不急不躁、平稳而从容的心态。拥有耐心是获得成功的一个重要的前提，因为在社会生活中，虽然总的来说，付出总会有所回报，但是成功地获得却往往需要时间，有时候还需要较长时间的等待，在这种情况下，耐心就显得尤为重要了。许多人因为拥有耐心而获得了难得的机会，也有许多人因为缺乏耐心而与良机失之交臂。

拥有耐心，就是要耐得住寂寞。

现代社会，你可以把自己塑造成任何一种你所希望成为的人；但与此同时，任何一个人的选择，都必定受到社会的制约。因此，是坚持自己的选择，还是随波逐流，成为每个人都必须面对的问题。在这里，耐心就表现为一种耐得住寂寞的品性。正如有的学习人文学科的大学生，看到自己当年的同学有的学习技术型理工类的学科，经济收入优厚，于是不顾自己的实际情况和爱好，强行转行，结果发现自己根本不是那块料。更可惜的是，人文学科也丢弃了，最后落得个一事无成。有不少学者一方面从事学术研究，一方面又抵御不了外面花花世界的诱惑，于是在学术上浅尝辄止，在其他方面又不敢放手一搏，最后两头都是无功而返。

是的，尽管经济条件、收入水平对于一个人的发展至关重要，但它毕竟还不是人生的全部，人生除了物质的追求，还应该有精神的追求。在有些时候，耐得住寂寞，才能在自己的学习与研究领域取得成就，到时候，社会的认可与自我内心的满足，绝不是金钱可以衡量的。

拥有耐心，还要能忍受不被理解的痛苦。

在社会上，人与人之间的想法会因为各种各样的原因而有所不同，大多数人的想法，会主导整个社会的思想。所以很多时候，当人们在做选择时，会受到别人想法的影响甚至是依赖社会的判断。但是，作为一个有独立人格的人，你必须明白一点：你的选择是自己的选择，不是社会的选择，更不是他人的选择！只要已经选择的东西，就不要要求别人理解，自己理解就足以让人欣喜了。因为你只可能年轻一次，也不可能老两次。总是在思考怎样获得别人的理解，事实上是在浪费自己的生命。你应该有一个健康的心态——

就算天下的人除我以外都不理解我，只要自己理解自己，又有什么关系呢？我只为我而活啊！当你的耐心，得到优厚的回报，不"理解"你的人自然会钦佩你当初的选择了。

完美是一声叹息

完美是一种罪过，它会让人失去所有憧憬和希望，动力和志气。所以，上帝在塑造出完美后，懊悔地将它毁灭了。

这个世界上没有让我们惊呼为完美的东西，也不存在神仙一样的完人。但在认识自我，看待别人的具体问题上，许多人仍然习惯于追求完美，求全责备，对自己要求样样都是，既搞得自己疲惫不堪，又难以和普通人打成一片，失去了获得友情的机会。

其实那些英雄、名人并不是那么光彩夺目、无可挑剔的，任何人都有优点和缺点。

美国大发明家爱迪生，有过1000多项发明，被誉为发明大王，但他在晚年却固执地反对交流输电，一味主张直流输电。

电影艺术大师卓别林创造了生动而深刻的喜剧形象，但他却极力反对有声电影。

人是可以认识自己，操纵自己的，人的自信不仅是相信自己有能力有价值，同时也相信自己有缺点毛病。我们放弃了完美，就会明白我们每个人的两重性是不可改变的。所以，我们应当保持这样一种心态和感觉，我知道自己的长处，优点，也知道自己的短处缺点，我知道自己的潜能和心愿，也知道自己的困难和局限，自己永远具有灵与肉、好与坏、真与伪、友好与孤独、坚定与灵活等等的两重性。

可这世界上偏偏就有倡导完美主义的人，而且数量不少。他们往往不愿意接受自己或他人的弱点和不足，非常挑剔。有的人没有什么好朋友，总也找不着对象，和谁也合不来，经常换单位，为什么？那是因为他谁也看不上，甚至会因为别人的一些小毛病，而忽略了别人的主要的优点。有的人不允许自己在公共场合讲话时紧张，更不能容忍自己紧张时不自然的表情，一到发言时就拼命克制自己的紧张，结果越发紧张，形成恶性循环。有的人不允许自己身体有丝毫不舒服，经常怀疑自己得了重病，经常去医院检查。其实，每个人都有缺点和不足，都会有紧张、不适的体验，这是正常的表现，必须学会接受它们，顺其自然。如果非要和自然规律抗拒，必然会愈抗愈烈。

完美主义的人表面上很自负，内心深处却很自卑。因为他很少看到优点，总是关注缺点，总是不知足，很少肯定自己，自己就很少有机会获得信心，当然会自卑了。不知足就不快乐，痛苦就常常跟随着他，周围的人也一样不快乐。学会欣赏别人和欣赏自己是很重要的，是使人更进一步实现下一个目标的基石。

完美主义的人容易只顾细节而忘记了主要目标，让别人觉得他捡了芝麻丢了西瓜。工作常常因此而没有效率。许多时候你要让自己"豁出去"，所以日子过得紧张又痛苦。

完美主义性格的形成和早期教育有很大关系，但成年后还是可以有意识地调整的，你要学会对自己和他人睁一只眼闭一只眼，这样才能看到生活中美好的东西。

有一本美国出版的书，书名是《我不完美，你也不完美——这样挺好的》。你可能没有机会阅读它的内容，不过只要认真体味一下书名也就够了。乔丹也不能保证百分之百投篮命中，可他仍然是最棒的，因为他总是能够很

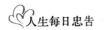

好地把握方向，偶尔失误也不会阻止他不断进取的步伐。

谁都不可能十全十美，"完美"这个名词只是一个理想的概念，是对我们的迷惑，是种让人产生努力完善自我勇气的鼓励。只要我们不断地提高和完善了，朝着那个梦中的目标一步又一步地贴近了，就可以潇洒地说，这很完美。

未来有什么好担心

你能预测未来吗？你相信有人能预测你的未来吗？如果不，干吗要为它担心呢？把"赌注"压在你所清楚的永远不会发生在你身上的灾难上，就会感到轻快无比。

这个故事是关于稳重的杰奎林太太的。

有一晚，坐在壁炉前，朋友问她有没有担心过什么事？她回答：

"担心什么事？担忧几乎毁了我的一生。我在自设的监狱中过了将近11年才学会克服。当时的我脾气暴躁、易怒，我处于很大的压力之下。我搭车去旧金山买东西，即使在购物时，我也会忽然不放心地赶回家去查看是否一切安好。也难怪我的第一次婚姻会在灾难中告吹。我的第二任丈夫是位律师，他沉着冷静，有逻辑分析能力，几乎从不为什么事担心。当我紧张焦虑时，他会说：'放松，我们来想想看你的真正烦恼是什么？再来看看发生的机会有多少。'"

"记得有一次我们从墨西哥州开车回加州，在一条泥路上遇到恐怖的暴风雨。汽车打滑，几乎无法控制，我相信车子一定会掉进沟里，可是我先生一直向我保证：'车开得很慢，不会发生事故，即使掉到沟里，我们也不会受伤.'他的冷静和自信让我闭了嘴。"

"一年夏季我们在洛杉矶一个山谷中露营旅行。一天晚上,我们在海拔7000米的地方露营,一阵暴风几乎刮破我们的帐篷。帐篷的绳子绑在一截木桩上,帐篷外层在狂风中拉扯呼啸。每一分钟我都担心帐篷会飞走,我真的吓坏了!我的先生又告诉我:'我们是按照指南旅行的,他们在这个山区有10年扎营的经验,这个帐篷在这儿也有好几个季节了,既然它还没倒,今晚也不会垮,再说就算垮了,我们也可以躲在另一个帐篷下。所以,轻松点吧……'我真的放松了,而且后来睡得很沉。"

"几年前,加州流行小儿麻痹症。如果是以前,我一定会歇斯底里,可是我先生安抚我冷静下来。我们尽可能采取预防措施,我们不带小孩到人多的地方,不去学校或电影院。向健康协会查询后,我发现即使在最严重的流行期,全加州也只有1815位儿童患了此症,一般的流行期只有两三百位患病儿童。这些数字使我放心不少,因为患病率确实不高。"

"不会发生的!这句话消除了我90%的烦恼,使我享受了10年美妙平静的岁月。"

有人说我们的忧虑和烦恼大部分都来自我们的想象而非现实。如果你回顾过去的几十年所经历过的曾感觉应是"大风大浪"的日子,就会完全同意这句话。记住,杞人忧天总是愚人的行为,不要把精力都浪费在这上面。

憎恨虚荣

当你视荣誉为虚无的时候,你的荣誉是实在的;当你唯名利是图,视荣誉为至宝的时候，你的荣誉是虚无的。你在没有荣誉时追求虚荣，虚荣可以助你，成为你生命的动力；你为了私欲而贪图虚荣，虚荣可以害你，成为你生命的累赘。

古希腊有这样的传说：一名叫赫洛斯特拉特的牧羊人，为了要出名，竟放火烧毁了阿泰密斯神庙。这就是所谓的"赫洛斯特拉特的荣誉"，就是常说的虚荣。

一般人都有一点虚荣心，这是人之常情。因为虚荣与人的自尊心有关，自尊心这个东西要根据不同人的个性来衡量高低强弱。一个人的自尊心若是过强，或是走向极端，就很容易变成虚荣心，虚荣心给人带来的只有伤害。

英国哲学家培根和德国哲学家叔本华有两句格言："虚荣的人被智者所轻视，愚者所倾服，阿谀者所崇拜，而为自己的虚荣所奴役。""虚荣心使人多嘴多舌，自尊心使人沉默。"

从表面看，虚荣仿佛是一种聪明；从长远看，虚荣实际是一种愚蠢。虚荣者常有小狡黠，却缺乏大智慧。虚荣的人不一定少机敏，却一定缺远见。虚荣的女人是金钱的俘虏，虚荣的男人是权力的俘虏。太强的虚荣心，使男人变得虚伪，使女人变得堕落。

托马斯·肯比斯说："一个真正伟大的人是从不关注他的名誉高度的。"一个人不会因为自己的成就而傲慢，也就不会抱怨自己命运的悲惨。相反追慕虚荣的自我卖弄，是一种腐蚀人类心灵的通病，没有人能够在一生中完全不受它的影响。

虚荣使人变得自负，误以为自己很了不起，可事实上并非如此。有些人遇事常常十分无奈，但还是拼命想出风头，结果什么也得不到。一旦真相大白，他们便无地自容，失去信心，放弃了使自己重新振作起来的机会，到头来，虚荣带给他们的只有失败。其实，这些人是在玩一场注定要失败的赌博游戏。

古语云："上士忘名，中士立名，下士窃名。"虚荣，也是一种"窃"。虚荣者，容易轻浮；轻浮者，容易受骗；受骗者，容易受伤；受伤者，容易沉沦。许多沉沦，始于虚荣。虚荣，很像是一个绮丽的梦。当你在梦中的时候，仿佛拥有了许多，当梦醒来的时候，你会发现原来什么也没有。既然如此，与其去拥抱一个空空的梦，还不如去把握一点实实在在的东西。

虚荣心重的人，所追求的东西，莫过于名不副实的荣誉；所畏惧的东西，莫过于突如其来的羞辱。因为那种感觉足可以摧毁虚荣者的全部理智。

虚荣心最大的后遗症之一是促使一个人失去免于恐惧、免于匮乏的自由，因为害怕羞辱，所以不定时地活在恐惧中，经常没有安全感，不满足。而虚荣心强的人，与其说是为了脱颖而出，鹤立鸡群，不如说是自以为出类拔萃，所以不惜玩弄欺骗、诡诈的手段，使虚荣心得到最大的满足。问题是——虚荣心是一股强烈的欲望，欲望是不会满足的。

虚荣心所引起的后遗症，几乎都是围绕在其周遭的恶行及不当的手段，所以严格说来，每个人的虚荣心应该都和他的愚蠢等高。

真正的成功人生，是不会因某些成就而沾沾自喜的；即便是为所成就的人和事物感到骄傲，也应该是心存感恩、健康的骄傲，而非华而不实的"虚荣"！虚荣心一旦形成（成熟）后，它所结合的诸多不良的心态、习惯和行为，会让你只看得到眼前，离成功却愈来愈远。

学会憎恨虚荣心吧，像元代王冕《题墨梅》诗中说的那样："不要人夸好颜色，只留清气满乾坤。"只有让自己人品端方起来，自然不加任何修饰就突然香飘四溢起来了。

不要踏入物欲的囚笼

被物欲俘虏的人是不幸的。一旦陷入金钱的陷阱，你所损失掉的不仅仅是自由、原则、道德、尊严，更可怕的是很可能被它骗走生命。所以，即使这个世界很物质，很现实，你也要以一种不愠不火的状态把持好自己。就比如你十分仰慕一朵花的娇艳，但满怀欣喜地买到手中的时候，它却不留情地枯萎了。可见，物质并不能满足所有的情感需求，有些东西远观比近玩要好得多，这样一来，物欲就退居其次了。

泰戈尔的《吉檀迦利》中有这样一段话：

"囚徒，告诉我，是谁囚禁了你？"

"是我的主人，"囚徒说，"我原以为自己的财富与权力世上无人能及，我把属于国王的钱财聚敛在自己的宝库里。当困倦不堪时，我眠于我主之床榻，一觉醒来，却发现我成了自己宝库中的囚徒。"

"囚徒，告诉我，是谁铸造这无法挣脱的锁链？"

"是我，"囚徒说，"我精心锻铸这锁链，以为我无敌之强权能征服尘寰，获得自由无限。因此，我不舍昼夜地工作，终于在烈火中锤炼出这链锁。然而当工作终结，铁链也坚不可摧时，我才发现自己已被它牢牢锁住。"这就是欲望的邪恶力量。

有位叫蒙克夫·基德的登山家，在不带氧气的情况下，多次跨过6500米的登山死亡线，并且最终登上了世界第二高峰——乔戈里峰。他的这一壮举1993年载入吉尼斯世界纪录。

过去，不带氧气瓶登上乔戈里峰是许多登山家的愿望。但是一旦超过6500米，空气就稀薄到正常人无法生存的程度，想不靠氧气瓶登上近8000米的峰顶，确实是一个严峻的挑战。可是，蒙克夫做到了，在颁发吉尼斯证书的记者招待会上，他是这样描述的：我认为无氧登山运动的最大障碍是欲望，因为在山顶上，任何一个小小的杂念都会使你感觉到需要更多的氧。作为无氧登山运动员，要想登上峰顶你必须学会清除杂念，脑子里杂念愈少，你的需氧量就愈少；欲念愈多，你的需氧量就愈多。在空气极度稀薄的情况下，必须学会排除一切欲望和杂念。

我们都或多或少地在贫困中挣扎过，在金钱始终不甚宽裕的日子里生活过。你是否发现，一旦我们的心中充满欲望，就会感到需要钱，并且欲望愈大，愈是感觉到需要更多的钱，尤其是沉溺于享乐时更是如此，这样的人在生活和事业上是登不上顶峰的。并且，当这一笔金钱耗尽的时候，席卷他的就是无穷的黑暗，这不会是你所向往的伊甸园吧！

守候你的幸福

人总是很糊涂，意识不到自己的幸福，只是满世界的锲而不舍地寻找着，可是众里寻他千百度，蓦然回首，曾经拥有却从不懂得珍惜的幸福已走得远远的，再也追不上了。所以，给自己做一个幸福瓶，把自己身旁的幸福写到纸上装进瓶子里，当你伤心时，失望时，无助时，迷惘时，幸福瓶会给你勇气，告诉你其实并不孤独，因为有爱相随。珍惜你所拥有的一切吧，别让它悄然离去，只留给你一个遗憾的背影。

有一个叫黄美廉的女子，自小就患上脑性麻痹症。此病状十分惊人，因肢体失去平衡感，手足会时常乱动，口里念叨着模糊不清的词语，模样十分怪异，这样的人在常人看来，已失去了语言表达能力与正常生活条件，更别

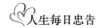

谈什么前途与幸福。

但黄美廉硬是靠她顽强的意志和毅力，考上了美国著名的加州大学，并获得了艺术博士学位，她靠手中的画笔，还有很好的听力，抒发着自己的情感。

在一次讲演会上，一个中学生竟然这样提问："黄博士，你从小就长成这个样子，请问你怎么看你自己？"

在场的人都责怪这个学生不敬，但黄美廉却十分坦然地在黑板上写下了这么几行字："一、我好可爱；二、我的腿很长很美；三、爸爸妈妈那么爱我；四、我会画画，我会写稿；五、我有一只可爱的猫；六、……"

最后，她以一句话作结论："我只看我所有的，不看我所没有的！"

还有一个是释迦牟尼佛经里的故事。一个青年驾船出海，他经过许多风浪和无数的岛屿，终于在热带雨林里找到了一棵高达10余米的大树。这种大树经过一年的时间让外皮朽烂，留下木心陈黑的部分，会散发出一种迷人的香气。在那片雨林里，像这样的大树只有一两棵。他砍下了这棵树，把它运到市场上，希望能卖到一个好的价钱。但一直无人问津。市场的边上是一个卖木炭的。每天卖木炭的都可以有很好的生意。他想：为什么木炭那么好卖？于是他把那棵香树烧成了木炭，一天就卖光了。其实，那棵香树就是世界上少有的"沉香"。只要切下一片磨成粉，价值就超过一车木炭的价钱。可惜这个青年并没有看到手头的珍宝，自作聪明地毁掉了价值连城的香木。这样的结果，不能不说是自作自受，因为他见识浅薄并且没有眼光。

俗话说："多在有日思无日，别到无时思有时。""身在福中要知福。"人生的幸福不一定是要靠追求到很高的各种各样的财富才得来的。虽然说没有努力就没有幸福，但不懂得惜福，到手的幸福也会不满意地转身离去。不懂得珍惜自己，珍惜自己的拥有，不愿活出自己生活意义的人，即使有了富可敌国的财富，也是体味不到幸福的甜美滋味的。因为他为了财富抛弃了几乎自己曾经所有的一切幸福。这是精明还是愚蠢？相信人心自有公断。

放下

歌德说："一个人不能永远做一个英雄或胜者，但一个人能够永远做一个人。"这里，"做一个英雄或胜者"，指的便是"拿得起"时的状态；而"做一个人"，便是"放得下"时的状态。一个人若是能活出这种状态，便可谓是一个潇洒的人，一个"糊涂"的智者。

不要感叹自己缺少什么，能够放下自己手里拥有的东西的人，才是一个真正有智慧的人。

有一本书名为《与神为友》，书中写道："我不会'抓紧'任何我拥有的东西！我学到的是，当我抓紧什么东西时，我才会失去它，如果我'抓紧'爱，我也许就完全没有爱，如果我'抓紧'金钱，它便毫无价值，想要体验'拥有'任何东西的唯一方法，就是将它'放掉'！"

其实，每天发生在我们生活周遭的很多悲剧，往往就是由无法放下自己手中已经拥有的"东西"所酿成的：有些人不能放下金钱，有些人不能放下爱情，有些人不能放下名利，有些人则是不能放下不应该执着的执着。

然而，如果你能够领悟"放下"的道理，你将会有一种如释重负的感觉。因为只有懂得放下，才能掌握当下。更何况，人生在世，如果不能把一些不是很必要的东西放下，你的"人生行囊"将很快就没有空间去搁置你真正需要的东西。

佛家常说："人生最大的幸福是放得下。"一个人拿得起是一种勇气，放得下是一种度量。对于人生道路上的鲜花与掌声，有处世经验的人大都能等闲视之，屡经风雨的人更有自知之明。但对于坎坷与泥泞，能以平常心视之，就非易事。大的挫折与大的灾难，能不为之所动，能坦然承受，这就是一种度量。佛家以大肚能容天下之事为乐事，这便是一种极高的境界。既来之，则安之，这是一种超脱，但这种超脱又需要多年磨炼才能养成。拿得起，实为可贵；放得下，才是做人的真谛。

张瑜是一位著名的电影演员，在她最辉煌的时刻，毅然放弃事业，选择了出国，令许多圈内人士大为惊讶。有一次，一位记者就此事采访了回国不久的张瑜，请她谈谈当初这种选择背后的真实想法。

记者：当年为什么不去好莱坞发展？

张瑜：当时在美国的时候我很希望能把书念好，这是我很大的一个愿望，因为拍戏，我从初中就离开了学校。

记者：所以当初就选择了出国？很多人说到您当年出国的事情都觉得特别奇怪，因为那是您最风光的时候，却放弃了事业。

张瑜：其实没什么好奇怪的，可能这与我生来就比较能拿得起放得下有关吧。我看到过一篇文章上说：手里拿着一个硬币，把手掌朝下松开，硬币掉了，这是一种放下的方法；另外一种方法是手里同样拿着一个硬币，手掌向上放开，硬币还在手掌里，但是人也轻松了，意思就是很多时候其实拿起和放下是同时的事情。这就是说在一个很宽松的心态中去生活，这应该是一种比较正确的人生态度。

记者：现在回头看看当初的选择，您认为有没有后悔的地方？

张瑜：要说后悔呢，可能就是把自己最好的表演时段给放弃了。不过人是不能患得患失的。人的一生永远是在一种不自觉的选择中的，选择了这个，自然就得放弃了那个。从这个角度说就没什么好后悔的，我也不可能让我的人生重来一次。

其实，只要人活着，生活还是生活，每一天都是我们要闯过去的河，如果你怨恨失败，你就会在怨恨中后悔一生。生活中，你自己除了会被自己打败，别人永远击不垮你。人生下来就有一副铮铮铁骨，只是有的人被人生中的困难磨平压垮，有的人则炼得更加坚韧挺拔。如果我们能调整好心态，能把自己的人生视如一个奋斗不息、勇往直前的过程，我们就会对生活充满希望。这就要做到：拿得起，放得下。

快乐源于自嘲

生活总是不怀好意地跟你开个玩笑，让你的心灵像走在独木桥上，稍不留神就要失衡。面对跌落深渊的危险，如果嘻哈一笑，大智若愚，反比神经紧张要安全得多。

人的一生，谁都难免会有失误，谁身上都难免会有缺陷，谁都难免会遇上尴尬的处境。有的人喜欢藏藏掩掩，有的人喜欢辩解。其实越是藏藏掩掩，心理越是失衡；越是辩解，却会越辩越丑，越描越黑。最佳的办法是学会嘲笑自己，因为那样做可能会得到意想不到的奇妙结果。

美国著名演说家罗伯特，头秃得很厉害，在他头顶上很难找到几根头发。在他过 60 岁生日那天，有许多朋友来给他庆贺生日，妻子悄悄地劝他戴顶帽子。罗伯特却大声说："我的夫人劝我今天戴顶帽子，可是你们不知道光着秃头有多好，我是第一个知道下雨的人！"这句嘲笑自己的话，一下子使聚会的气氛变得轻松起来。

美国第 16 任总统林肯长相丑陋，可他不但不忌讳这一点，相反，他常

常诙谐地拿自己的长相开玩笑。

在竞选总统时，他的对手攻击他两面三刀，搞阴谋诡计。林肯听了指着自己的脸说："让公众来评判吧，如果我还有另一张脸的话，我会用现在这一张吗？"

还有一次，一个反对林肯的议员，走到林肯跟前挖苦地问："听说总统您是一位成功的自我设计者？""不错，先生。"林肯点点头说，"不过我不明白，一个成功的自我设计者，怎么会把自己设计成这副模样？"

我们从林肯身上发现，一个人生理缺陷愈大，他的自卑感愈强，于是成就大业的"本钱"也就愈多，"攒"的劲头也就越大。

某国一位领导人最爱讲一个有关他本人的笑话："有一位总统拥有100个情妇，其中一个染有艾滋病，但很不幸，他也分不出是哪一个。另一位总统有100个保镖，其中一个是恐怖分子，但很不幸，他不知是哪一个。"接着他嘲笑自己改革经济所做的努力，"而我有100个经济专家，其中有一个是很聪明的，但很不幸，我却不晓得是哪一个。"

这位领导人趁着别人还来不及说长道短、评东论西时，在谈笑调侃中将自己经济改革中的失误，轻轻松松地说出来，帮助自己摆脱了尴尬难堪的局面。

自嘲是一种特殊的人生态度，它带有强烈的个性化色彩。自嘲作为生活的一种艺术，它具有干预生活和调整自己的功能。它不但能给人增添快乐。减少烦恼，还能帮助人更清楚地认识真实的自己，应付周围众说纷纭带来的压力，摆脱心中种种失落和不平衡，获得精神上的满足和成功。

托尔斯泰寓言里的那只狐狸用尽了各种方法，拼命地想得到高墙上的那串葡萄，可是最后还是失败了，于是只好转身一边走一边安慰自己："那串葡萄一定是酸的。"这只聪明的狐狸得不到那串葡萄，心里不免有些失望和不满，但它却用"那串葡萄一定是酸的"来解嘲，使失望和不满化解，使失衡的心理得到了平衡。从而仍然不失能快快乐乐生活下去的好心情。倘若想不开，终日里落落寡合的话，那么很可能为这串葡萄送掉了性命，这才是笨人。

你不是第一个登上月球的人，不是第一个发明电灯的人，不是第一个鼓捣电脑的人……你太渺小、太普通、太平凡了。但是，对于那些，你又是否感到不满和不平衡呢？没有，因为你知道，每个人都有不同的路要走。既然是这样，对于自己的不足，自嘲一下又有何妨？

忧患与人生

宁静的海，训练不了一流的水手，只有在大风大浪之中，才是历练一流水手的最佳环境。并且，只有真正的猛士才能欢迎和接受这种严酷的训练，走上人生的顶峰。

人生是一条漫长的路，在人生的大路上，人来人往，没有永远的赢家，也没有永远的输家，除非自己不争气，不堪一击，失败一次，就永远站不起来。人生的路，有千千万万条，这条路走不通，还有别的路可以走。天无绝人之路，除非自己放弃努力，否则永远光明在望，永远有成功的机会。

失败的人没有悲观的权利，老天是很公平的，老天不会特别袒护一些人，而苛责另一些人。成功的人之所以能成功，不是因为他们没有失败，而是因为他们能够很快地从失败中挺立起来，他们没有被失败打倒，而是失败被他们打倒。他们把失败当成教训，化悲愤为力量，他们记住失败的教训，化为下次成功的动力。

人生的失败，往往是给自己打败的。人常常是因为对自己没有信心，所以才失败的。从小到大，我从来没有考过第一名，有一次参加一项考试，只录取一名，虽然竞争对手不多，但我还是失败了，只因为我对自己没有信心。失败而自怨自叹，是没有意义的，人不能把自己停留在悲哀之中，愈快走出阴影的人，愈早见到阳光。后来事实证明我这样的选择是正确的，当我调整好心态走出失败的阴影后，果然看到了另一条等候我已久的阳关大道，那一刻我突然明白了什么叫作感动。

人生要勇于尝试，这条路走不通，就换另一条路，怨天尤人是多余的，恃才傲物是可笑的。我们对理想的追求，除非已到了终点，走10步和走100步，同样都是失败者；成功就是成功，失败就是失败，任何事情，要么不做，要做就要全力以赴，追求成功。

成功不是偶然的，任何事情的成功，机遇固然很重要，但是光靠机遇是不够的。事在人为，成功的人有一种特质，就是把对机遇的要求减到最低，而把对自我的要求提升到最高，失败的人往往寄望于不可知的机遇，而自己却不肯下苦功夫。"君子求一万，小人求万一"，君子做人处事，面面设想周到，脚踏实地，小人则心存侥幸，希望偶然的机会。求己愈多的人愈容易成功，求天愈多的人愈容易失败。

成败的因素，多半在自己而不在他人，一个人真有本事，别人要压制也不可能，一个人真没本事，别人想扶持也办不到。心存侥幸，也许可以得逞于一时，却不能得逞于一世，唯有自己实实在在，凭真本事而得来的胜利，才是最可靠的。

人生的得失、胜负，是常有的，不足挂怀。胜固可喜，败亦欣然，人要有接纳失败的雅量，才能领略成功的甜美。得意事来，平淡视之；失意事来，平淡视之。人生真能一无挂碍，就是最大的成功。我们常常因为得失心理太重，反而增加了负担，"未得之，患得之；既得之，患失之"。由于压力太大，我们便会失去应有的清明心志了。

人要有所为有所不为，一个人能有所不为，才能有所为，奸邪的小人是无所不为的。人生有大得有大失，争要争大的，求要求久的，我们不可以见小得而遗大失、贪近利而遭长害。在取舍之间，我们要捏拿很准确，否则一失足成千古恨，再回头已是百年身。

一条谚语说："在自己的世界里，你实现了自我。"在荷兰首都阿姆斯特丹，有一座15世纪的老教堂，在这个教堂的墙上有一行字："事情既然如此，就不会另有他样。"生活充满苦乐、有无、顺逆、穷通和得失，在起伏不定的生活里，我们必须适应它！

活得天然就精彩

你的人生一直在行走着。因为前方总是布满神秘的花朵，所以你很容易被它们勾引，走上歧途。但是兜了一个大圈子后，到了人生的终点，看看自己，还有什么是形影相随的呢？

有一位富翁年纪老迈，不久即将离开世间。他想：万贯的家财带不走，不如找个人来陪我，这样黄泉路上也好有个伴。

富翁有四位夫人，最疼爱的是年轻貌美的四夫人，他将她唤来："平常我最爱你，送你珍珠、钻戒最多，现在我不久于人世，你就陪我一起走吧。"

四夫人一听，花容失色地表示："生前爱我，我很感谢，但你死了就死了，我们夫妻一场，只是姻缘一段，我可不想跟你一起走。"

于是富翁找来三夫人，他想平时待她也不薄，不曾离弃过她。但三夫人

137

听完富翁的请求，惊慌不已："我还年轻，你死了，我可以改嫁，你就发发慈悲，找其他人吧！"

富翁只得再找二夫人。二夫人说："我没有办法陪你一起死，家里大小的事都是我在打点，你死了以后，我要替你张罗丧葬事宜。念在夫妻的情分上，我会亲自送你到坟场。"

富翁被三位夫人一一回绝，心里很伤心，不得已只好找大老婆。但富翁自知，平日对她没有半点关心，也从来不买礼物送她，如此冷落她，她可能不会答应。无奈，富翁实在害怕一个人孤零零地走，最后还是鼓起勇气，小声问："我将不久于人世，你愿意陪我一起走吗？"

不料大老婆立刻回答说："嫁鸡随鸡，嫁狗随狗，你死了我当然跟你一起走。"

四位夫人的故事，隐喻的是我们的一生。最钟爱的四夫人就是我们的身体，我们无时无刻不关心它的健康，让它穿金戴玉，打扮光鲜，好在人前炫耀，人后享受。但是人死了，身体不能跟我们一起走，只会化为一捧青灰。

三夫人，就是我们积聚的钱财，平时悉心保护它，害怕被别人占有，只可惜在面临死亡时，它也不会跟随我们。你辛辛苦苦担惊受怕的聚敛了一辈子，到头来若非为他人作嫁衣裳，就会变成祸起萧墙的根由，总之是不令人放心。

二夫人，代表的是我们的亲戚朋友，偶尔往来，也给他们一些小恩小惠，到了我们死的时候，他们也许来上个香，送我们一程，之后各自忙着生计。既不无情，也不无义，只当相识一场。

而大老婆是什么？就是我们这颗心，平时最不关心它，直到生命的尽头，这颗心却与我们生死相随，只是我们陷入物欲贪爱中，随妄心恶念，四处飘摇流浪，有时还深深将它刺伤。

人常在得到全世界的财富时，仍找不到自己的真心，就像富翁活着时，糊里糊涂；死时，迷惑恐惧。色身、财富、妻妾一样也带不走，只有心意，踏实满足或是无助凄凉跟随我们，往来于天堂与地狱，给人的一生做出个公正的审判。

做人，就要活出最天然，最善良的真我。这样到了真正该休息的那一天，才会心满意足地粲然一笑。

生活就像照镜子

游戏人生，并不是让你有一副玩世不恭的样子，而是在遭遇挫折的时候，与其和逆境险事较劲忧伤，倒不如把它看作是上天安排给你的一场如梦如幻的人生游戏，这样你才可以更轻松的姿态去坦然面对生活。

一天早上，董钰跳上一部出租车，要去上海郊区的分公司做检测。因正好是上班的高峰时刻，没多久车子就卡在车阵中，此时前座的司机先生开始愁眉苦脸地叹起气来。董钰随口和他聊了起来："最近生意好吗？"后视镜中的脸拉了下来，爱搭不理道："有什么好？到处都不景气，你想我们出租车生意会好吗？每天十几个小时，也赚不到什么钱，还得提防警察啦，不文明乘客等，真是气人！"

显然这不是个好话题，换个主题好了，董钰想。于是他说："不过还好，你的车很大很宽敞，即便是塞车，也让人觉得很舒服……"他打断了董钰的话，声音激动了起来："舒服个鬼！不信你来每天坐12个小时看看，看你还会不会觉得舒服！"接着他的话匣子打开了，既抱怨政府，又抱怨社会。董钰只能默默地听，一点儿插嘴的机会也没有。

第二天同一时间，董钰再一次跳上了出租车，去郊区同一家企业做培训，然而这一次，却开启了迥然不同的经历。一上车，一张笑容可掬的脸庞转了过来，伴随的是轻快愉悦的声音："你好，请问要去哪里？"真是难得的亲切，董钰心中有些惊异，随即告诉了他目的地。他笑了笑："好，没问题！"然而走没两步，车子又在车阵中动弹不得了。前座的司机先生手握方向盘，开始轻松地吹起口哨哼起歌来，显然今天心情不错。于是董钰问："今天有什么喜事啊，这么开心！"

他笑得露出了牙齿："没什么特殊的，我每天都是这样啊，每天心情都很好。""为什么呢？"董钰问，"大家不都说不景气，工作时间长，收入都不理想吗？"司机先生说："没错，我也有家有小孩要养，所以开车时间也跟着拉长为 12 个小时。不过，日子过得还是挺滋润的，我有个秘密……"他停顿了一下："说出来先生你别笑我，好吗？"

他说："我总是换个角度来想事情。例如，我觉得出来开车，其实是客人付钱请我出来玩。像今天一早，我就碰到你，像花钱请我跟你到郊外玩，这不是很好吗？等到了郊外，你去办你的事，我就正好可以顺道赏赏郊外的景色，呼吸呼吸新鲜空气再走啦！"他继续说："像前几天我载一对情侣去东湖水库看夕阳，他们下车后，我也下来喝碗鱼汤，挤在他们旁边看看夕阳才走，反正来都来了嘛，更何况还有人付钱呢？转身想想，经济不景气对我有什么影响呢？关键还是享受生活。"

董钰突然意识到自己有多幸运，一早就有这份荣幸，跟前座的情商高手同车出游，真是棒极了。又能坐车，又开心，这样的服务有多难得。董钰决定跟这位司机先生要电话，以便以后有机会再联系他。接过他名片的同时，他的手机铃声正好响起，有位老客人要去机场。原来喜欢他的不只董钰一位，相信这位司机的工作态度，不但替他赢到了心情，也必定带来许多生意。

人生就是这样，你能够以积极、乐观的态度去面对生活，就会得到它的许多馈赠，不只是愉快的心情，健壮的身体，更会为你赢得事业和朋友。来笑对人生吧，还在等什么呢？

忘掉你的恩惠

牢记你犯过的所有错误，会提醒自己不要再犯同样的错误。记住自己曾经做过的好事，肯定会妨碍今后去做更多的事。

民间有句俗语，叫"你帮别人莫提起，别人帮你要牢记"。

人生一世，草木一秋，会经历很多事情，喜的、忧的，乐的、痛的，顺利的、别扭的，利己的、利他的，让人眼花缭乱，应接不暇，有些事情人们记得牢，有些事情人们忘得快，这都是很自然的。问题是，记住什么，忘掉什么？一般来说，对于过五关斩六将的荣耀，人们更容易也更愿意记住，甚至在各种场合津津乐道；而对那些走麦城的教训，人们往往容易遗忘，或者刻意回避。还有一种情况，人们容易记住自己对别人的恩惠，同时却又淡忘自己受人之惠。趋利避害是人的本能，完全可以理解。但是，人是有思想、有品格的，一些思想杰出、品格纯正的人，往往有着更高的境界。他们几乎从不曾因为自己的善举而骄傲自满，而是以另外一种态度来对待记忆，慎重地选择记住或者忘却。

一次，阿里与好友吉伯、马沙一起外出旅行。三人行经一处陡峭的山路时，马沙突然失足滑倒，眼看就要摔下山崖，这时，吉伯一把抓住马沙的衣襟，用力将马沙拉了上来。为了记住这一恩德，马沙在路边一块大石头上刻下了一行字："某年某月某日，吉伯救了马沙一命。"

　　三人继续前行，来到海边时，因为一件小事，吉伯和马沙吵了起来，吉伯一时激动，打了马沙一耳光。但是，马沙没有还手，而是跑到沙滩上，在沙滩上写下了一行字："某年某月某日，吉伯打了马沙一耳光。"

　　旅游结束后，阿里问马沙："你为什么要把吉伯救你的事刻在石头上，而把他打你的事写在沙滩上"？马沙回答说："我要永远感谢并永远记住吉伯的救命之恩，至于他打我的事，我想让它随着沙子的流动逐渐忘得一干二净。"

　　马沙对待别人恩惠和怨恨的正确态度，值得我们学习和借鉴。然而，现实生活中，很多人的做法与马沙相比，就显得格调太低了。有的人对别人给予自己的帮助缺乏足够的感激之心，认为是"理所当然"的；有的人得到别人的帮助不知道应该回报，或者只是一时感激，时过境迁便很快遗忘；有的人甚至不辨是非恩将仇报……而当别人不小心损害了自己的利益时，很多人却会牢记在心，甚至长期耿耿于怀。整天挂在嘴上，逢人便说；以牙还牙、冤冤相报，你踢我一脚我打你个乌眼青……

　　牢记自己的过失而忘掉对他人的恩惠是一种朴素的美德。记住自己做过的错事，是吃一堑长一智，避免重蹈覆辙的前提。一个人想要少犯错误，不断取得进步，就必须时时刻刻牢记自己之过。并且，对于自己做过的好事，如果能够及时"忘却"，一定能摆脱希望受恩者"知恩图报"的想法而获取心灵上的平静、祥和。在生活中，在与人相处时，要多反思自己的不足，多感激别人的恩惠，少谈论别人的缺点，对矛盾不要耿耿于怀。这样，人与人之间的摩擦就会减少，社会就会更加和谐，生活也会更加温馨。正如法国启蒙思想家卢梭所言："忍耐是痛苦的，但是，它的结果却是甜蜜的。"一个铭记着自己的引路人，念念不忘别人对自己的恩典；一个却不记得自己做过的好事，而只努力记住自己做过的错事。这种情怀与境界，不是一般人能够达到的。也唯有如此，伟人才之所以会成为伟人，小人才之所以成为小人。

"让我来帮助你"

请尽量地对你周围的人施以援手。也许你会说，施与只能是富人们闲暇时的小品，乏味时的调料。但是在这个物欲横流的时代，毕竟还有许多无私的人们，默默地用自己卑微的力量擎起足以感动世界的温暖。

在小镇最阴湿寒冷的街角，住着约翰和妻子珍妮。约翰是一名装卸工，工作又苦又累；珍妮在做家务之余就去附近的花市做点杂活，以补贴家用。生活是清贫的，但他们生活得很快乐。

冬天的一个傍晚，他们正在吃晚饭，突然响起了敲门声。珍妮打开门，门外站着一个冻僵了似的老头，手里提着一个菜篮。"夫人，我今天刚搬到这里，就住在对街。您需要一些菜吗？"老人的目光落到珍妮缀着补丁的围裙上，神情有些黯然了。"要啊，"珍妮微笑着递过几个便士，"胡萝卜很新鲜呢。"老人的声音里又有了几分激动："谢谢您了。"

关上门，珍妮轻轻地对丈夫说："当年我爸爸也是这样挣钱养家的。"

第二天，小镇下了很大的雪。傍晚的时候，珍妮提着一罐热汤，踏过厚厚的积雪，敲开了对街的房门。

两家很快结成了好邻居。每天傍晚，当约翰家响起卖菜老人笃笃的敲门声时，珍妮就会捧着一碗热汤从厨房里迎出来。

圣诞节快来时，珍妮与约翰商量着从开支中省出一部分来给老人置件棉衣："他穿得太单薄了，这么大的年纪每天出去挨冻，怎么受得了？"约翰点头同意了。

珍妮终于在平安夜的前一天把棉衣赶成了。棉衣铺着厚厚的棉絮，针脚密密的。平安夜那天，珍妮还特意从花店带回一枝处理的玫瑰，插在放棉衣的纸袋里，趁着老人出门卖菜，放到了他家门口。

两小时后，约翰家的木门响起了熟悉的笃笃声，珍妮一边说着圣诞快乐一边高兴地打开门，然而，这回老人却没有提着菜篮子。

"嗨，珍妮，"老人兴奋地微微摇晃着身子，"圣诞快乐！平时总是受你们的帮助，今天我终于可以送你们礼物了，"说着老人从身后拿出一个大纸袋，"不知哪个好心人送到我家门口的，是件很不错的棉衣呢。我这把老骨头冻惯了，送给约翰穿吧，他上夜班用得着。还有……"老人略带羞涩地把一枝玫瑰递到珍妮面前，"这个给你。也是插在这纸袋里的，我淋了些水，它美得像你一样。"

娇艳的玫瑰上，一闪一闪的，是晶莹的水滴。

只要拥有一颗纯洁的美丽的心灵，人人都可以成为尊贵无比的上帝。打开灵魂的天窗给那些需要你帮助的人吧，那一片挚诚融化得掉所有冬夜的寒冷。

烦恼如沙

佛门有句名偈：世上本无事，庸人自扰之。与其让烦恼揉搓得肝肠寸断，何不把它写在沙滩上让包容一切的潮水将其抚慰得平平整整呢？看着烦恼消失的背影回首张望，温柔的春光早已爬上二月柳梢头。

小灰对自己在北京读大学时的一段经历耿耿于怀：

有一回在学校附近碰见一个劳动人民长相的大姐站在大树底下兜售布袋——一种长方形单面有图案的纯棉购物口袋，价钱相当便宜，只售一元。于是他一口气买了5个。

布袋拿回宿舍，同学都纷纷询问在哪捡到的宝，都跃跃欲试去买几个回来。不料一位细心的同学蓦然惊呼："怎么上面有个'死'字！"定睛一看，布袋的图案四周原来还环着一圈外文，几个较长的单词不认识，字典里也没有，中间一个"die"却赫然触目惊心！再细看图案本身，几个简单而形状怪异的色块拼凑在一起，谁也辨不出那究竟是什么。

"我说这么便宜！""准是邪教的图腾！""巫婆！""咒语！"同学们大呼小叫。

虽说小灰向来不信邪，照用不误，但挎着口袋上街时还是小心地把有图案的一面向里，以免引来旁人注目。有次他要寄衣物回家，那些口袋是再好不过的包裹，但瞅着那个碍眼的"die"，心里仍有些别扭，总不能往家里寄去一份不祥吧？后来想出个好主意，用同色的彩笔在"die"后面加上"t"，成"饮食、节食"之意。自忖破去一劫，顿时心安理得。

直至一年后，结识了一个外语学院的朋友，"咒语"之谜方水落石出：那句奇怪的外文其实是德语。"die"是德语中一个再普通不过的冠词，发音为"地"，用法相当于英语"the"，专用以修饰阴性名词，"咒语"全句的意思是"保护世界环境"。

恍然悟过之后回头再看那神秘的图案，原来竟是世界七大洲的板块！为了这个自寻烦恼几月，真让人哭笑不得！

佛家对烦恼的摆脱解释得最简单，也最洒脱。梵志到佛前献合欢梧桐花，佛陀对他说："放下吧！"梵志放下左手的一株花，佛陀又说："你放下吧！"梵志又放下右手的一株花，佛陀再说："你放下吧！"

梵志说："我现在两手都空了，还要放下什么呢？"

佛陀说："我不是叫你放下花，而是教你放舍从外境来的色、声、香、味、触、法六尘；从内心来的眼、耳、鼻、舌、身、意六根；以及六尘与六根相应所生的见识，把它们全部舍去，直到没有可舍的地方，才是你安身的

地方。"

梵志当下彻悟。

简单的两株合欢梧桐花，包含着莫大的智慧，它闪烁的光芒足以让一个人大彻大悟，其实只用两个字就可以指点迷津，那就是：放下。放下，是一种束缚的解脱。只有体悟到永恒的真我，才能突破俗世的缠缚。六祖惠能在未修行出家之前，就已看清外在的束缚是没有意思的，唯有拨开一切外在的形式，才能体现物的本来，这才是真正的佛性。故而有一偈："菩提本无树，明镜亦非台；本来无一物，何处惹尘埃。"

其实未开悟之前的佛祖和凡夫俗子一样，常常被恐惧、沮丧、愁苦、欲望、无知所束缚，所不同的是他们懂得放下，能超越束缚，最终达到一种自在的境界。

放下万物的附庸，方能显出真情灵性，放下水草的羁绊，方能透出湖水的清透。你要能放下烦恼，那自然的本色就会指引你过得精彩纷呈。

何必一时冲动

有人说人生就是搏一场痛快，随心所欲唯我独尊。所以沉醉于一时的"快乐"，飞蛾扑火般地投向一个个已知的和未知的陷阱，等到清醒过来，往往追悔莫及。早知如此，当初何必与鲁莽、草率搭伴前行呢？

一只狐狸不小心掉进一口非常深的井里，没有办法脱身。这时一只口渴的山羊，来井边饮水，它看见狐狸在下面，就问井水味道如何。狐狸尽力掩盖自己的狼狈相，不断地称赞井水味道好得不能再好了。山羊一心想着喝水，听完后迫不及待地跳了下去，等它喝完了水，不再口渴了，才发现自己和狐狸的困境。

这时狐狸想出一个所谓共同出井的办法，它说："你把前脚抵在井壁上，低下头，我先踩着你的后背上去，然后想办法拉你上来。"山羊就照它的吩咐做了。于是，狐狸跳上山羊背，蹬着羊角，飞身跳出了井口，然后就要溜走。山羊气得大骂狐狸不守信用，狐狸转头回敬道："你这头笨羊！如果你头脑灵活，就应该在看清出路之后，再决定跳不跳，那样就不会有这样的危险了，真是白长了一把胡子！一点脑子也没有！"

我们在做事之前，都要在心里头围个圈儿，画个谱儿，必须用心去观察和思考，选准自己的方向。而不是一时为了"有种"意气用事，盲目行事，那样冲动的结果只会因小失大，一无所获甚至跌进别人给你设下的骗局里，毁你家财百万，一世英名，更可怕的是结果你的性命。害人之心不可有，防人之心不可无，凡事三思而后行，全面地分析形势，找准自己的出路，才会永远立于不败之地。

做人做事的糊涂准则

糊糊涂涂做人，清清楚楚做事。人至察则无徒，所以太过聪明的人都不能容于当世。但做事时还是得心中有谱，明察秋毫，否则失之毫厘，就谬以千里了！

孔子游列国时，看到两个人为了一件事而争论得面红耳赤，唾沫横飞。孔子询问他们在争论什么，原来为了一道算术题。矮个儿说三八等于二十四，高个儿坚持说三八等于二十三，各持己见争论不休，以至于几乎动起手来。最后，两人打赌请一个圣贤做裁定，如果谁的答案正确，谁就可以得到一块银子。二人请孔子裁定，孔子说那个认为三八等于二十三的人说得是正确的，但孔子的这种裁判矮个儿不答应，他气愤地说："三八二十四，这是连小孩子都不争论的真理，你是圣人，却认为三八等于二十三，看样子也是徒有虚名呀！"

孔子笑道："你说得没错，三八等于二十四，是小孩子都不争论的真理，你坚持真理就行了，干吗还要与一个根本就不值得认真对待的人讨论这种不用讨论也再明显不过的问题呢？"矮个儿似有所醒。孔子拍拍他的肩膀，说道："那个人虽然得到了一块银子，但他却得到了一生的糊涂，你是失去了一块银子，但得到了深刻的教训！这不是各得其所吗？"

世间的许多事情就是这样，有的事不明白就不会牵肠挂肚，就会少一分烦恼多一分自在。佛陀说"一切万法不离自性"，讲人不可自寻烦恼，人说我痴，我就痴给他看。

在人与人的接触中，不免会产生矛盾，有了矛盾平心静气地坐下来交换意见，予以解决固然是上策，但有时事情不那么简单，因此，值得提倡"装傻"二字。

人非圣贤，孰能无过。与人相处就要互相谅解，经常以"难得糊涂"自勉，求大同存小异。有肚量，能容人，你就会有许多朋友，且左右逢源，诸事遂愿；相反，"明察秋毫"，眼里不揉半点沙子，过分挑剔，什么鸡毛蒜皮的小事都要争个是非曲直，容不得人，人家也会躲你远远的；最后，你只能关起门来"称孤道寡"，成为使人避之唯恐不及的异己之徒。古今中外，凡是能成大事的人都具有一种优秀的品质，就是能容人所不能容，忍人所不能忍，善于求大同存小异，团结大多数人。他们极有胸襟，豁达而不拘小节，大处着眼而不会目光如豆，从不斤斤计较，纠缠于非原则的琐事，所以，他们才能成就大事，立大功业，使自己成为不平凡的伟人。

不过，要真正做到不较真、能容人，也不是简单的事，这需要有良好的修养，需要有善解人意的思维方式，需要从对方的角度设身处地地考虑和处理问题。多一些体谅和理解，就会多一些宽容，多一些和谐，多一些友谊。

用睁开的眼睛寻找世界的美丽，用闭着的眼睛遗忘世间的无奈。能够做到这一点的人，可谓是活出了味道，虽然不能拿着放大镜去观察这个并不完美的世界，但是在做事时，却还是明察秋毫的好，否则真的糊涂了就会葬送掉自己一世的英名。

失去了也别哭泣

一盆水泼出去了，就再也收不回来了；一件事情办错了，就不可能再变身为正确的了。在你打翻了杯子以后，与其痛骂自己的粗枝大叶，倒不如告诫自己下次一定要轻拿轻放，不要损失掉另一个杯子。

在现实生活里，我们常常不自觉地露出人生的破绽，但在吸取教训之后，我们不需为那个过去的错误而终日懊悔不已。如果我们老是念念不忘，那么它便犹如一个沉重的包袱压得我们喘不过气来。

所以，犯了错误并不可怕。怕的是执着于过去而不能释怀。或是不吸取教训，继续犯同样的错误。

人贵有自知之明，经常分析自身的错误才能不断提高。海涅说得好："反省是一面镜子，它能将我们的错误清清楚楚地照出来，使我们有改正的机会。"

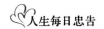

那么，怎样来反省自己呢？

首先，要以"自知"的镜子来反照自己。老子说："知人者智，自知者明。"若要了解自己行为的得失，则必须用"自知"的镜子来自照。反省如同一面明镜，在反省的明镜中，自己的本来面目将显现无余。一个人的眼睛不要总是盯着别人，重要的是要先认识自己。从反省中去认识自己，从自知的镜子中了解自己的真面目。

其次，要有悔改的勇气。孔子说："过而不改，是谓过矣。"这是孔子对于过错的看法：一个人有过错不要紧，只要能改过就好了，如果有过错而不肯改这就是大过，真正的过错。有些人犯了错，却不肯承认，因为他怕因此而失了面子。如果能够消除傲慢的习气，就会生起悔过自新的勇气来。时常反省自己的过失，发现了错误，就要及时改正。痛痛快快、切切实实地做事。比如，害了盲肠炎的病人，一定要把那段肠割掉，以除后患。一个人有了过失，也要用反省、忏悔的快刀把它切除。李世民是历史上最有名的贤君之一，他之所以能成就千秋万世的伟业，主要原因是他肯虚心反省自己。《贞观政要》一书中，记有一段他的自述："朕每闲居静坐，则自内省，唯恐上不称天心，下为百姓所怨。"可见一个伟人之所以能成功，的确有其为常人所不及的地方。今天有了过错，如果没有反省，明天还会照样犯。若能及时反省自己，知道犯错的缘由，随即改正过来，那么？以后就不会再有类似的过错。

人对待错误的正确态度应该是及时从中吸取教训，总结经验，亡羊补牢，将功补过，而不是过多地自我谴责，自我责备。英国有句谚语是："不要为打翻的牛奶而哭泣。"意即：你去为已经无可挽留的损失而哭泣只会浪费你的好心情，聪明的人是会反省错误，之后吸取教训，然后坚毅地忘掉不幸，以更大的劲头、更热忱的心去弥补损失，而不是过多地自责。

生活调味剂

假如生活这道茶还需要些调味剂，那么第一种要加进去的是幽默，第二种也是幽默，第三种还是幽默……

"幽默是生活送给乐观者的礼物"，这话是很有道理的。幽默的谈吐是建立在说话者思想健康、情趣高尚的基础之上的。如果它对人提出善意的批评和规劝，必然要求批评者有较高的思想境界和较高的涵养。一个心地狭窄、道德败坏的人是不会有幽默感的。幽默者品德要高尚，要心宽气朗，对人充满热情。成功者之所以成功，很大一方面要归功于他们在与人讲话、谈心时，言谈话语间时常流露出幽默感，使人感到分外热情、亲切。也是这种乐观的精神，高尚的情绪拉近了与人的距离，帮助自己的生活和事业走上了更加一帆风顺的道路。

在美国曾有这么一件令人称道的事：

美国哲学家乔治·桑塔亚那选定在某天结束他在哈佛大学的教授生涯。是日，他在哈佛大礼堂讲最后一课的时候，一只美丽的知更鸟停在窗台上，不停地欢叫着。桑塔亚那出神地打量着小鸟。许久，他转向听众，轻轻地说："对不起，诸位，失陪了，我与春天有个约会。"讲毕，迈着轻快的步子走了出去。

这句美好的结束语充满了诗意，颇具幽默感。可以肯定地说，不热爱生活的人，无论如何也说不出这种诗一般的语言。

恩格斯曾经说过："幽默是表明工人对自己的事业具有信心并且表示自己占有优势的标志。"

有乐观的信念，才能对于一些不尽如人意的事也可泰然处之。

有一次，林肯在森林里遇到一个老妇人，她对林肯说："你是我见到过

的最丑的一个人。"

林肯回答她说："请多包涵，我是身不由己。"

老妇人笑了，说："我倒不以为然，你却应当待在家里不出门啊！"

这个故事，是林肯亲口给人们讲的。林肯的这番趣谈，使听众笑得前仰后合，又使人们觉得他是多么坚强，多么自信啊！他敢于面对现实，他敢于笑自己，是一个心地诚实的人。幽默能够经受住历史长河的考验，这绝不是偶然的。

说话幽默是一个人生活态度的反映，是对自身力量充满自信的表现。一个人只有对自己的前景充满希望，他才能发出由衷的笑声，即使暂时处于逆境，他们仍对生活充满信心，在生活中发掘幽默，用快乐来熨平生活留下的伤痕。而对于整天皱着眉头的人来说，生活充满了痛苦、绝望，快乐不过是幻觉，像这样的人，他们的谈吐还有什么幽默可言呢？

德国伟大的诗人、思想家海涅是一个无神论者，他在临终告别人世时的最后一句话是："上帝会不会忘记我——那是他自己的事。"

美国能言善辩的演说家亨利·瓦尔德比彻临终前说出了他一生中最后一句幽默的话语："现在，神秘奥妙的世界降临了。"

无论是海涅还是亨利·瓦尔德比彻都是乐观者，这里都看不到对于死的悲哀，看到的是对人生的哲学思考。他们的幽默感一直持续到生命的最后一息。他们人格的魅力，睿智的思想，洒脱的态度都会停留在人们心底，散发着永世不败的动人馨香。这些，都应是我们这些普通人所要去体味和学习的。也许，终有一天，这种力量会帮助我们快步地走向伟大。

第六章

做情海里那一朵依恋的白云

　　有情是一种荣耀，无论是你得到的，还是施与的。可惜"情"字当头，却不能人人都是一帆风顺，大道阳关。些许迷惑，些许无奈，些许挣扎，就如同早春的梅雨，远观则朦胧美好，近玩则感叹忧伤。这其中的距离分寸，究竟怎样才算完美？

　　友情是血，亲情是心，爱情是魂。既然懂得了必须拥有，就更要明白珍惜的可贵。否则，人是会支离破碎的。

　　所以，你要让他们明白，你的爱是如此浓厚，不管需要怎样的付出。

请不要和工作一起回家

家，是私人的城堡，而你则是至高无上的教皇。不管命运之神戴着怎样的面具和你相遇，你都要忠诚地守护这一方唯美的土地，让它宁静而甜蜜着。

不把工作带进家，意味着你不把工作的烦恼带回家，这样可以使家庭生活和谐快乐，也可以让自己的身心彻底放松，反过来会更加有力地推动事业发展。一项调查表明，在当今社会，25％～40％的人认为工作压力太大，有56％的人其配偶因此跟着倒霉。心理学家认为，压力是一种极具传染性的东西，除非采取措施，否则它不仅会损害健康，还可能会破坏婚姻生活。配偶某些工作状况的变化，如在工作中的职责变化——升迁、降级、责任增大——一般会在心理上给另一方造成深刻影响，加重另一方的压力。而且就大多数时候来说，另一方的处境更不容易，因为她（他）只能在一旁干着急。如果协调不好，夫妻之间终会有对抗的一天，你的另一半也许会更埋怨你没有把家放在首位。

现今社会节奏快，家庭里的每个成员为了早日实现自己的生活梦想，都把时间花在进修或工作上，所以跟家人相处的时间就减少了。在这种情况下，每个家庭成员更要积极争取与家人相处的时间。你必须认清一点"有没有钱并不能衡量你是不是成功的人，你要量力而为，不能因为别人有大洋房住你也要住。因为洋房里的温暖，不是由里面的那些砖块拼成的，而是由家庭成员去共同营造的。"

生活中的确有苦恼，我们可以向家人诉说，但却不能把苦恼全部转移到家人的身上。要知道，家是你温暖可靠的后方，我们应该用心呵护它。当你工作了一天，打开家门的时候，就应该把工作中的烦恼拒之门外，带一份好心情回家。

不把工作带进家，意味着你可以在家庭的温暖中使自己得到充分的放松，以更昂扬的姿态投入明天的奋斗。人生幸福的大部分内容是家的温暖，有一个幸福的家，我们的人生就可以如天上的那轮明月圆满而无憾。

年轻时我们并不看重家，那时我们个个怀有凌云壮志，如老师、亲属所期望的那样，当科学家、作家，如果那时有人觉得下班后和妻子手牵着手去买菜是人生的乐趣，我们必会笑他平庸甚至庸俗。

当岁月的风霜使我们的脸庞布满沧桑，当世事的艰难使我们的眼神不再清澈，当人生的坎坷使我们的内心千疮百孔，当我们闯荡世界疲惫归来却依旧是空空的行囊，我们终于明白了一个再简单不过的道理：事业辉煌仅靠聪明努力远远不够，它需要天时、地利、人和，以及命运的垂青。只有极少数人才能事业成功，甚至能做一份自己喜爱的工作的人都不是很多，绝大多数人，不过是为了谋生做着一份自己并不喜欢的工作，而我们能拥有的仅仅是身边的这个家和家中那个永远在等待你的人。不管俊的丑的，不管得意或失意，不管君子还是小人，生活给我们最大的平等和恩赐是：每个人都拥有一个家，而我们能得到的人生幸福，实际上绝大部分来自我们的家。

家是能让我们得到放松的场所，是让我们休憩的港湾，能免除我们孤独的是家；在喧哗的尘世，能给我们片刻安宁的是家；在纷扰的争斗中，能为我们疗伤的还是家。

是的，有一个幸福的家，我们的人生就有了80％的幸福；有了一个幸福的家，工作的烦恼就可以忍受，因为我们的忍气吞声和辛苦劳累都有了价值——要赚钱养家使我们所爱的人丰衣足食；有了一个幸福的家，凄风苦雨

我们都不再害怕，因为只要奔回家，只要打开家门，就有了温暖和宁静……所以，请珍重这份幸福。

最美的距离

男人和女人之间最美的距离是什么？就像大师的一幅仕女画，嫩得娇艳欲滴的叶子后樱桃小口红一点。不远不近，不浓不淡，衬托得让人见之忘俗，心旷神怡，真是妙到了极致。

谈到异性友谊，这本来是个很雅致的话题，可是总是有些人觉得它很"龌龊"，其实是你的心比较不够水准罢了。有人说异性之间根本没有所谓的友谊，不是有句俗话说：为朋友两肋插刀，但似乎限于或仅限于同性之间，但也有人说异性友谊确实存在，它比友情多一点，比爱情少一点。做情人只得一时，做朋友却能一生。

现在的你我往往在生活和工作中扮演着多种角色，比传统男女多了许多的压力，能有几个不错的异性知己，确是一份强有力的支持，是一份藏而不露的得意。它可以使都市中的女子更能尽情地绽放玫瑰般的艳丽和自信。更可以使位高权重的品位男子潇洒地展示高山流水般坚强的丰姿。所谓"蓝颜知己"和"红颜知己"可以是从小相识的死党挚友，认识的时间很长，彼此了解且充满信赖；也可以是陌路相逢的心灵之友，不必语言的交流，只需一个眼神一个表情，就能彼此了解和沟通……很奇妙，很美妙，但这些都是上天恩赐予你的缘分。

对懂得生活的女人来说，最好或至多有三个"异性知己"。第一位当然是自己的爱人；第二位是心甘情愿为你分担苦恼，却别无所求的男性朋友；第三位则是懂得欣赏和尊重你的内在和外在的优质男人。

拥有知己固然是一件舒心又惬意的事情，但异性友谊的难以把握之处就在于其分寸和尺度：太近难免流于暧昧，容易走火，偏向于爱情；太远，又难堪称知己。尺度和分寸把握的关键在于，双方都要确保自己的情感不抛锚。

男女之间友谊的发展，除了超越生命的宝贵之外，还有异性间的吸引，"同性相斥，异性相吸"是自古以来颠扑不灭的真理。男人和女人相互吸引的另外一个重要原因是更容易寻求理解和共鸣。同性之间自然会有更多的理解和共鸣，但来自异性的理解在层面、内容上有所不同，优势互补，因此更显得弥足珍贵。

正是由于男女之间的性别不同产生的差异，因而才能产生不同于同性之间的友谊。倘若异性之间能够轻易解读彼此的心灵，默契十足，相互理解和支持，成为彼此的红颜或蓝颜知己，并最终能够把握这种友谊的尺度，则是最为纯洁神圣的异性间的友谊。

亲情、友情、爱情是我们每一个人情感的擎天柱，现在又多加了介于爱情和友情之间的所谓的第四类情感。对男人来说，第四类情感是红颜知己的感慨与温柔，对女人来说，则意味着蓝颜知己所奉献出来的坚毅与勇敢，并且，最可靠的免费依靠。

不可否认，爱情和友情完全是两条轨道上的情感之旅，但男女之情就真的只有爱情或是点头之交吗？其实，友情的基础上"喜欢"也占有一定的比例，即便是同性朋友，也大多是因为大家谈得来才成为至交的，没有喜欢又何来的好感呢？喜欢是一种很美好的情感，我们完全没有必要也不可能把它和"爱情"之"爱"混为一谈。同性之间的喜欢可以发展为好朋友，异性之间谈得来又为什么不能成为好朋友呢？爱情并不是生活的全部。

其实，红颜有知己，蓝颜亦有知己。男女之间的爱情甘露自然浓醇甘冽，

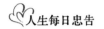

但异性之间的友情也同样清甜醇美，甚至更加弥足珍贵。因为爱情只得一时，友情却可一世。

爱，要勇敢说出来

爱情，是多么稀有而珍贵啊！可是如果你缺少胆量而说不出口，那又有谁会知道！就像在你身边满怀爱意和深情的竖琴，你不走过去轻轻拨动琴弦，它又怎能对你倾诉脉脉的娇羞？

无论对谁来说，爱的表达方式都是非常重要的，如果没有《大话西游》里那段经典表达，相信世上还会有无数的男子在为得到姑娘的芳心而一筹莫展。可是，表达又是不能够随波逐流的，你失误了，那么幸福是不会待在原地，等你说第二个我爱你。那么，怎样才能使你发出的爱的信息一下抓住对方而不至扫兴而归呢？

1. 示爱要把握时机

爱的表达应基于感情的发展程度，表达早了可能会因为不成熟而遭到回绝，断送前程；表达晚了可能坐失良机，使爱神从身边溜掉。什么样的时机最合适？如果你从同事、朋友中看中一个人，想说出"我爱你"，一是要看看你的爱是否确实到了真诚、热切的程度；二是充分考虑一下对方是否能以爱回报你，不知道或信心不足，可以先做些了解。如果属于经人介绍而相识的，说出"我爱你"往往在交往一段时间以后，这个时机应该选在双方心情良好、情蜜意浓的时候。这样，你一言既出，就会得到对方的响应。

2. 选择优雅的表达方式

表达爱情，千万不能在大庭广众之下，高声厉言，直来直去。表达爱情之时，不论是女性还是男性，毕竟都会带些羞涩；向对方求爱，还要给对方留下考虑的余地。因此，含蓄的表达，对于求爱者和被求爱者都是合适的。像皮埃尔·居里向玛丽亚的求爱，就是非常含蓄的。还有如电影《归心似箭》中，玉贞爱上了在她家养伤的抗联战士魏得胜，一天魏得胜抢着帮玉贞挑水，玉贞深情地说："好，让你挑，……给俺挑一辈子。"含蓄地表达爱慕之情，是我国人民的传统美德。它给爱情的传达增添了柔情和蜜意。但应注意的是，不能把含蓄当成含糊、含混，这样的"含蓄"表达不清，表意不明往往达不到预期效果而只会图增烦恼而已。

3. 勇敢并坚定着……

要想抓住对方，使之喜欢你，你自己的态度首先要坚决，使对方相信你的爱是坚定的、成熟的。自古以来，情场上就有一个动人的词：海誓山盟。海誓山盟就是男女相恋时表达对爱情的忠诚，往往以大海高山相比，以示坚定不移。

4. 别出心裁才能别开生面

传情的方法多种多样，不拘一格，如以言传情，以物传情，以信传情，通过中间人传情等等，用哪种，要根据对方的性格、气质，根据环境、时机而定。总的原则是，你选用的方法，应有利于使对方接受，抓住对方。如有时就在一起工作，但因为对方不喜欢交际，不善言谈，那你就可以先给他（她）写封情书以示心意。

无论你决定采用哪种方法，可以肯定的是，你已经成功一半了，最起码你战胜了自己的胆怯，勇敢地准备承担起爱情的一切。把爱说出口，你获得了幸福的同时，还会获得信心，获得生命的重新开始，获得即将走向最成功的自我。

爱是付出

爱是清晨花瓣上的露珠，纯净而珍贵。它为了表示对太阳的热烈爱情，毫不犹豫地张开双臂，伸展美丽的身体，哪怕下一秒钟，太阳灼热的目光会将自己带走，也在所不惜。爱不就是这样吗？它是伟大而感人的付出，而不是单方面的索取。爱情需要精心地呵护和营造，一味地享受爱情的甜蜜，而不懂得给予和回报，爱的火焰便会熄灭。

一位悲伤的少女求见莎士比亚。

"莎士比亚先生，你曾写出了人世间那么多凄美动人的爱情故事，现在，我有件关于我的爱情的事请教您，希望您能帮助我。"

"喔，可怜的孩子，请说吧。"莎士比亚说。

少女停顿了一下，忧伤的声调令人心碎：

"我爱他，可是，我马上就要失去他了。"少女几欲流泪。

"孩子，请慢慢从头说吧，怎么回事？"莎翁慈祥地说。

"我与他深深相爱着。他以他的热情，日复一日地用鲜花表达着他对我的爱。每天早上，他都会送我一束迷人的鲜花，每天晚上，他都要为我唱一首动听的情歌。"

"这不是很好吗？"莎士比亚说。

"可是，最近一个月来，他有时几天才送一束花，有时，根本就不为我唱歌了，放下花束就匆匆离去了。"

"唔？问题出在哪儿呢？你对他的爱有回应吗？"

"我从心里深深爱着他，但是，我从来没有表露过我对他的爱，我只能以冰冷掩饰内心的热情。现在他对我的热情也在慢慢逝去，我真怕，真怕有一天我会失去他。先生，请指教我，我该怎么办？"

莎士比亚听完少女的诉说，从屋里取出一盏油灯，添了一点儿油，点燃了它。

"这是什么？"少女问。

"油灯。"

"要它做什么？"

"别说话，让我们看着它燃烧吧。"莎士比亚示意少女安静。

灯芯嘶嘶地燃烧着，冒出的火苗欢快而明亮，它的光亮几乎映亮了整个屋子。

然而灯油越来越少，灯芯的火焰也越来越小，光线变弱了。

"呀！该添油了！"少女道。

可是莎士比亚示意少女不要动，任凭灯芯把灯油烧干，最后，连灯芯也烧焦了，火焰终于熄灭了，只留下一缕青烟在屋中飘绕。

少女看着一缕青烟迷惑不解。

"爱情也像这油灯，当灯芯烧焦之后，火焰自然就会熄灭了。你应该知道，现在你该怎么去做。"莎士比亚说。

少女明白了："我要去向他表白，我爱他，不能失去他。我要为我的爱情之灯加油去了。"

少女谢过莎士比亚，匆匆走了。她终于知道，爱情的付出总要是两个人的事情。仅让对方投入热情，再精致再海量的油灯也会有耗尽能量的一天。

罗兰说，当你真爱一个人的时候，你是会忘记自己的苦乐得失，而只是关心对方的苦乐得失的。

这才是爱情，付出所有，心甘情愿。

爱情就像是心海里的一只小船，在到达爱之彼岸的号召下激情澎湃，跌宕起伏着。爱是无私的，全心全意地付出，同时爱是相互的，当你享受爱人呵护和照顾的同时，也要给对方相应的回报，不断地给你们的爱情注入惊喜

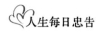

和感激，这样你们的爱情才会浓烈而久长。

不合拍的婚姻

爱情存在于人们想象中的，是优然典雅的古典音乐，是愉快活泼的轻音乐，是轻轻幽默的诙谐曲。但是当爱情变身为婚姻，所有名贵的乐器就会退场而让位给锅碗瓢盆。既然是平凡得不能再平凡的，偶尔合不上拍混乱了节奏，是再正常不过了，何必大动干戈搞得如此紧张？

有人做过调查，提到婚姻里的个性冲突的问题。被调查者个个都是血泪满腔地控诉着，比例之高，情节之严重让人瞠目结舌。

这岂非怪事？当初两情相悦，自认个性相合，才会非君莫嫁，非卿不娶。为什么结婚几年后才来抱怨对方与自己的种种不合？

是爱情使人盲目？还是结了婚的人变得更加古怪挑剔了？使他（她）在别人眼中还不错的配偶，却遭到许多独到的批评？

个性不合的故事，有千种万状，形形色色，其复杂、其特异，常令局外人惊讶，这随手拈来的两个范例，就是局内人深受其苦，而旁观者很难了解的"不合"僵局。

所以，我们不免要问，既然个性不合，当初为何会结婚呢？

答案其实很简单，婚姻中为何有那么多不合？就是因为彼此结婚了！若和一位个性不合的人只做朋友，很多个性的难缠处根本没有机会碰触到，自然不会激起"战斗的火花"；个性不合的同事或上司，再不合，也有职位权限的约束，必须维持表面的合作及安全的距离，所以也会相安无事。

但是，在非常封闭、亲密的婚姻关系里，距离很近，短兵相接，个性不合的潜在因子完全得以自由彰显，那可就难缠了。

由于利害与共，做朋友时不见得构成麻烦的不合之处，都会凸显成大问题；由于关系密切，别人可以一笑置之的差异，婚姻中人却可能因长年累月地忍受而感到痛苦万分。

在婚姻里，"最好的和最坏的都是你"是常见的问题。

如果和同事吵架了有后遗症，和朋友吵架对方会掉头而去，大不了你也可以与他断交。

只有配偶和小孩，无论你们怎么争吵，只要还没有到撕破脸的地步，他（她）都不能一走了之；无论你们的冲突一而再，再而三地升级，只要还没有到"非暴力不合作"的时候，双方就还会忍耐下去。

"看我能勉强你到什么程度而你不会走掉？"这又是婚姻里的另外一种游戏。所以，"不合"成了大问题。

既已结了婚，不能像换个公司或与人拆伙那样潇洒地向"不合"说再见，只能在发现"不合"的事实后想办法与之共同生活。

而且，要小心维护，不要让与"不合"勉强共处的怨气及无奈侵略了爱情的地盘，使婚姻中的"不合"现象扩大，而感情的相合逐渐消失。

妙的是婚前的"相合"，也可能正是婚后的"不合"。

恨丈夫乱买东西的老婆，婚前可能正是因为对丈夫的慷慨，印象深刻而心许；讨厌老婆直话直说的丈夫，当初就是因为欣赏这个女人谈恋爱的坦诚大方啊！

既能载舟，便能覆舟。婚前的"相合"，可能就是婚后的"不合"，只是我们在选择对象的条件而心动时，常常见树不见林，没有远见而已。因此，想要释怀，要么放弃这棵大树，武装好自己的头脑到森林中再捡棵回来；要么对症下药，平平静静地拿时间去磨平。婚姻不合，本来就是件正常的事。

婚姻的智慧

爱情成功地缔造了婚姻，可如果两个人的心都不够好，那么幸福的生活就会对你非常吝啬了。

一位教授走进教室，把随手携带的一叠图表挂在黑板上。然后，他掀开挂图，上面用毛笔写着一行字：

婚姻的成功取决于两点：

1.找个好人。

2.自己做一个好人。

"就这么简单，至于其他的秘诀，我认为如果不是江湖偏方，也至少是些老生常谈。"教授说。

这时，台下嗡嗡作响，因为下面有许多学生是已婚人士。不一会儿，有一位中年女子站了起来，说："如果这两条没有做到呢？"

教授翻开挂图的第二张，说："那就变成4条了。"

1.容忍，帮助，帮助不好仍然容忍。

2.使容忍变成一种习惯。

3.在习惯中养成傻瓜的品性。

4.做傻瓜，并永远做下去。

教授还未把这4条念完，台下就喧哗起来，有的说不行，有的说这根本做不到。等大家静下来，教授说："如果这4条做不到，你还想有一个稳固的婚姻，那你就得做到以下16条。"

接着，教授翻开第三张挂图。

1.不同时发脾气。

2.除非有紧急事件，否则不要大声吼叫。

3. 争执时，让对方赢。

4. 当天的争执当天化解。

5. 争吵后回娘家或外出的时间不要超过 8 个小时。

6. 批评时，你的话要出于爱。

7. 随时准备认错道歉。

8. 谣言传来时，把它当成玩笑。

9. 每月给他或她一晚自由的时间。

10. 不要带着气上床。

11. 他或她回家时，你一定要在家。

12. 对方不让你打扰时，坚持不去打扰。

13. 电话铃响的时候，让对方去接。

14. 口袋里有多少钱，要随时报账。

15. 坚持消灭没钱的日子。

16. 给你父母的钱一定要比给对方父母的钱少。

教授念完，有些人笑了，有些人则叹起气来。教授停了一会儿，说："如果大家对这 16 条感到失望的话，那你只有做好下面的 256 条了。总之，两个人相处的理论是一个几何级数理论，它总是在前面那个数字的基础上进行二次方。"

接着，教授翻开挂图的第四页。这一页已不再是用毛笔书写，而是用钢笔，256 条，密密麻麻。教授说："婚姻到这个地步，就已经很危险了。"这时，台下响起了更强烈的喧哗声。

不过在教授宣布下课的时候，有的人坐在那儿没有动，他们流下了泪。

相爱的心，犹如两颗相遇的流星，撞击出光和热，光和热中你我融为一体，你中有我，我中有你。相处又如两颗恒星，明明亮亮，双双悬在生活的夜空，而婚姻就是那让你们相依相偎的广阔天空，只有无私的爱和高于一切

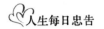
的美德能挽留，并随着爱意的加深越来越牢固，越来越美好。

爱恋亲情

如果你只是沉醉于爱情的欢喜与忧愁中，那无异于是在漫无目的地搜寻散落森林的玻璃球。而经过野兽的恫吓，暴雨的袭击或是欣赏过花丛的芳香后，都还是要回到林中的小屋。因为，它是唯一让你觉得安全的地方，连里面的空气都是温暖的。这个小屋就叫做亲情。

亲情，这个充满温馨、甜蜜的字眼，让人欢喜，倍感亲切。它是我们人生之初最直接体味到的，更是人生的风雨中唯一的避难所。

没错，亲情是滋养万物的雨露和阳光。当我们刚刚开始人生之旅的时候，是父母用亲情和深爱哺育我们长大；当我们遇到挫折的时候，是亲情的温暖情怀给我们安慰和新的自信。毫无疑问，正是因为生活中有了亲情，温暖才时时环绕着我们；正是因为生活中有了亲情，我们的心灵才有了寄托和归宿。

亲情之爱是一种"真情实感"，人人皆有。保持和提升亲情，是保持家庭和睦与稳定的关键。"孝悌也者，其为仁之本与"，儒家强调孝，原因就在这里，即实现亲情之爱。任何人，从出生到走上独立生活的道路，都是在父母的抚育、爱护下成长的，幼儿园和学校都不能代替父母的爱护和教育。这一点对任何一个社会而言都没有例外。孔子说"三年无免于父母之怀"，这是一个千真万确的事实。有人可以请保姆、家庭教师，但是父母与子女之间的情感联系是不能割断的。

父母、子女之间的真情的爱，是一种天赋禀性，我们更应重视不只是动物式的母爱。人与动物之间有一种连续性，但人之所以为人之性，也就是人类的道德情感。这里没有丝毫的虚假与功利打算。孔子的"父为子隐，子为父隐"，就是出于真情实感，具有超历史的永久价值。如同孟子所说，"幼而知爱其亲，长而知敬其兄"，并不需要特别的灌输与教育，是自然而然具有的，只要加以保护、培养就能够"扩充"。这就是儒家家庭伦理的基础。

在科学技术飞速发展的当今世界，我们面临着激烈的竞争，家庭的温情、和谐和凝聚力是非常重要的，它不仅在紧张的工作之余可以放松自己，享受温馨的天伦之乐，而且能为现代人提供强大的精神动力，从而发挥更大的创造性。有一个美满和谐的家庭，是人生中的最大幸福。

冰心说过："爱在左，友情在右，走在生命的两旁，随时撒种，随时开花，将这一径长途，点缀得香花弥漫，使穿枝拂叶的行人，踏着荆棘，不觉得痛苦，有泪可落，却不是悲凉。"

这爱情、这友情，再加上一份亲情，就一定会使你的生命充满阳光，是你在经历风雨时的精神支持。

亲情，与生俱有，源于血缘，但又不囿于血缘。岁月的洗礼，会体现亲情的浓淡；物欲的考验，会证明亲情的真假。

最真挚的亲情不因远离而疏远，不因久别而淡漠，离久越远，亲情弥足珍贵。

家庭教育之你我

优秀的父母第一要务，不是给孩子提供一个多么优越的生活环境，而是

要竭尽全力去帮助他们建立起高尚的品德体系，让他们成为对社会有用的人和社会对他们尊敬的人。

通用电子公司最年轻的董事长兼首席执行官杰克·韦尔奇，出生在一个普通家庭，身材矮小，还有点口吃，但他对自己却有着无比的自信。

当韦尔奇上高中那年，参加了一场冰上曲棍球赛。那年是杰克·韦尔奇在塞勒姆高中的最后一年，他所带领的球队在连赢了三场比赛后，接下来却一路惨败，而且五场下来全都只差对手1分。

在最后一场比赛中，他们重新振作，因为他们不能再输了。

但是，从2∶2开始，两队比分差距逐渐拉大，最后他们还是输了，这已是连续第七场失利，杰克·韦尔奇满脸沮丧，愤怒地将球棍摔向场地对面，随即独自回到休息室。

当大家都回到了休息室后，不一会儿，门突然被打开，杰克·韦尔奇的母亲大步走了进来。

接着，她竟一把揪住韦尔奇的衣领，骂道："你这个窝囊废！如果你不知道失败是什么，你就永远都不会知道怎样成功；如果你真的不知道这个道理，你就别再参加比赛了！"

母亲丝毫不顾他的颜面，当场羞辱他，让他在朋友们面前出丑，实在令韦尔奇相当难堪。

但是，这段记忆与话语却从此深植韦尔奇的心中，韦尔奇自我反省，明白那是母亲的爱与失望，促使她不得不闯进休息室来训他一顿。

杰克·韦尔奇回忆，他能有今天的成就，完全是因为他的母亲。

母亲的忍耐力与进取心，外加热情而慷慨的个性，让他学会了如何与人交往与沟通。

韦尔奇说："母亲对人相当热情，如果亲戚朋友们看中了橱柜里的玻璃水杯，母亲会毫不犹豫地送给对方。但是，如果有人辜负了她的信任，那么她说什么都要讨回公道。我想，我是继承了母亲的这些性格特点。"

对于他的口吃，母亲总是这么对他解释："孩子，因为你够聪明，或许别人的嘴快，但他们绝对比不上你的聪明脑袋！"

事实上，韦尔奇从来都不为自己的口吃而忧虑，因为，他充分相信母亲的话"那是因为，我的大脑比我的嘴转得快"。

"这么多年来，我都数不清，母亲在我身上，究竟倾注了多少关爱。"杰克·韦尔奇深情地说。

杰克·韦尔奇因为有母亲给予最恰当的教育，而拥有了乐观且积极的人生观，例如，当她看见儿子失败时的情绪失控，会立即教育他"如果你不知道失败是什么，你就永远都不会知道怎样成功"，并给予他正确的生命态度，告诉他："失败是一切成功的必经过程。"这是多么明智的一种教育方式啊！我们身边有很多家长，如果孩子失败了，就跳出来指责打骂，一而再，再而三地强调别人家的孩子是多么的优秀，而你却如何无能。毫不留情面，这是相当错误的做法。因为，那除了让孩子养成更加无礼的性格、自卑的人生外别无他处。

我们都知道，从出生开始，父母亲的言行就已开始影响下一代了，不管求学时间有多长，不论社会影响有多大，一切都不会大于父母亲的影响力。

父母亲对孩子们的教育责任始终都是最大的，因此，孩子们是否拥有正确的人生观，最关键的影响来自生育他们的父母亲。

逾越代沟

在一些家长看来，代沟像似有万丈深渊的峭壁，根本难以逾越，但在另

一些家庭中它根本就没有踪迹。其实，消除代沟不是件困难的事，只要你愿意，就会与孩子结成"忘年交"。

代沟就是一个沟，也是一个存在于两代之间缺乏交流和沟通而产生的互不理解的现象。由于它的存在，使得大人和孩子虽在同一屋檐下，却"相见不相识"，成了熟悉的陌生人。

你要知道，小孩的本性就是活泼好动，模仿性强、喜欢说话、喜欢表现，以这些吸引大家的注意。似乎在中国人的传统观念中，都希望小孩很"乖"，希望他们不哭不吵，不叫不闹。似乎这样才算得上有教养，有大家风范。于是争先恐后地硬要把活泼的下一代教成少年老成、沉默寡言的样子。不然父母就觉得不放心，仿佛小孩没调教好。今天，到处都是"竞争"、"积极表现"的生存空间，小孩若能在社会中表现，非得要有足够的表达能力不可，而表达能力的培养与训练，最重要的环境与时机就是家庭中幼儿的成长时期，做父母的千万疏忽不得。当儿童咿呀学语时我们就应鼓励他说话，更不要忘了，孩子上小学、初中、高中时，当客人来访，我们也应该注意到他的表达能力与权利、表达机会与表达技巧。这就是最好的沟通法则，比一味传教要灵活得多。

有人问，在孩子犯错时，我们要不要让他也有申诉的机会？答案仍然是肯定的。哪怕他犯了"滔天大罪"，而且是证据确凿，他也无从推诿的情况下，必须在处罚之前，让他有机会申诉自己的理由与意见；此时就算是他的理由太离谱我们也不用太生气。你必须记住，小孩有申诉的权利，但是大人有裁决的权利。当孩子犯错，大人在处罚之前，不要忘了让孩子表达，此时处罚的效果较好，而父母的心意也较能让孩子了解与接受。

父母对子女的态度观点与意见应当一致。如果不是这样，就会使他们茫然，不知听哪方为好。父母对孩子最大的打击不是责骂而是使他无所适从。当父母对他各有不同的要求与意见时，孩子便会产生混淆、茫然。长此下去，则会使孩子畏缩、愤怒。当父母对他有共同的态度时，他才能弄清是非的标准，进而知道何去何从，怎样取舍。这种父母亲的一致性也可以涵盖父母亲是否相爱。我们发现，有关对子女沟通的技巧不管如何精巧干练，若是父母两人不能相爱，子女还是不能健康地成长。给孩子最好的礼物，不是金钱，而是父母之间的相爱对子女的一致性。

父母每天应该与子女有亲密的沟通，时间或许不必很多，但沟通的内容不只限于行为规范、成绩的考核，或是为人处世的大道理，而应该是谈心情、谈感受、谈观点、谈人生、谈未来，无所不谈，方显得亲密无间。什么时候开始与子女有较深入地沟通呢？答案是从孩子刚刚学会说话时，沟通就应开始。花时间与小孩玩，虽然玩得没有什么深度，习惯性地与孩子聊天，虽然谈得没什么内容，这却是解决代沟最好的方法。否则，当孩子长大时才会突然发现，做父母的根本不了解他，不认识他，难怪有那么多的冲突和战争。

一半天使，一半魔鬼

管教孩子是一种必需的手段，同时也是一项"技术"。你既要以身作则，为孩子树立榜样，又得装成魔鬼来惩罚他们恼人的行为，确实困难。因此，掌握好"度"就显得尤为重要了。

可是事实上，有谁说自己从小没有挨过打呢？多年来总有人善意地劝告为人父母者，在管教孩子时不可施以体罚，以免出现不良后果。但是，对付那些怎么也不听话的孩子，大家却不约而同地果断地使用"武力"。

有的小孩子确实"欠揍"。一个人的儿子11岁的时候，正好经历这样

一个阶段。那时，他迟钝、懒惰又不听话。每次他不听话，说明他当时正需要管教。最后，他的行为超过了界限，这个人就把他拽到身前，用皮带抽了他十几下。不过妙就妙在他掌握好分寸，既要让儿子感到不好受，同时又不能重到给他留下伤痕。之后，他紧紧地拥抱了儿子一下，告诉他爱他。这时，他们俩都流泪了。

那天剩下的时间里，儿子活泼、可爱并且听话。孩子们本能地知道，自己做错了事。而且他们也明白，一旦行为不端，就得承担后果。倍受世人尊崇的基督教心理学家詹姆斯·杜布森博士说，当孩子故意不听话或者故意反抗的时候，就会出现一场父母与孩子之间的较量，这时父母一定要赢！这是体现父母权威的关键时刻。然而，类似孩子洒了牛奶或者把什么东西掉在地上这样的偶然事件，父母绝对不应该惩罚孩子。但是，在孩子故意重复错误的时候，就要对他们进行管教，包括轻微的体罚。否则，他们以后可能会故意犯更严重的错误。

必须注意一点，管教是以孩子的利益为出发点的，而惩罚则是为自己的愤怒和失态找借口。管教是应该的，但惩罚有百害而无一利。

某报纸专栏作家威廉·马托克斯说："大量的证据显示，在遵守圣经真理的前提下，体罚的效果要好一些。1996年公布了一项耗时10年的调查报告，加利福尼亚伯克利大学的戴安娜·鲍姆林德发现，与那些专横或放任的管教方式相比，正面鼓励与严格管教（包括轻微体罚）相辅的方式，效果会更好一些。无独有偶，1995年瑞典政府的一项研究发现，国家以立法形式禁止体罚孩子后，虐待儿童和少年的暴力事件反而大幅上升。

《美国社会学评论》最新发表的一篇报告中，普林斯顿大学的布拉德·威尔考克斯发现，拥有传统信仰的家庭，父母对孩子的管教既严格又非常温和，家长与孩子有着和谐的互动关系。这些家长的教子方法是既有体罚也有拥抱。"

马托克斯接着讲:"必须指出,做父母的不可动辄使用体罚,也就是说,不可每次孩子犯错误时都动用体罚。"

他还说:"略带讽刺的是,被调查人群中,表示赞同轻微体罚的人,恰恰小时候受过这种管教,而且效果颇佳,"因此,适度体罚还不失为一个好办法。

与父母谈心

我们可以为自己奋勇厮杀而得到崇高的奖赏——地位,金钱、荣誉所感到的骄傲,但同时,请不要忘了,我们是父母的儿女。

在你开始独立生活之前,你和父母生活在一起。那时你无论几岁,都是不懂事的小孩,他们是大人。这段历史很可能挥之不去。当你有个重大的建议或决定,准备说:"我在这几年有了一些新的经历,我现在想同你们谈一谈我的想法和感受,这样你们就能更好地了解我了。"这时,他们可能会先是震惊,后又感到悲伤,但父母都很爱自己的孩子,他们把子女放在很重要的位置上。你的父母肯定会有兴趣了解你的生活,也会因为你给予他们了解你真实的自我而感动的。但与此同时,你就已经长大了。

一旦你同父母之间的关系变得真实,你就会轻轻松松,走出那个我们习惯于倒退的永远是孩子的角色。相反,你的父母会看到你的另一面,一个已经长大的你,这对你们双方都有好处。

通过父母与子女之间的倾心交谈,虽然,双方并不能了解对方的一切思想、行为,但亲情的纽带会更牢固,更紧密。

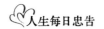

　　俗话说，"树老根多，人老话多"，人一到老肯定唠唠叨叨。恐怕这是每个子女都头痛的问题。老人的唠叨有两个方面，一方面是对子女做的事不放心，总是唠叨没完，在父母的心理上，往往不自觉地把子女当作儿时的孩子，对子女所做的事总是不放心，这其实是长辈的爱心的表现。碰上这种情况，子女应该想一想，父母唠叨的事情，究竟是对还是错，如果他的啰唆是对的，就改正，他也就不再唠叨了，要理解这唠叨之中的爱，体会这种慈爱。如果不对，子女也应该容忍，和和气气地跟他讲一下道理，如果不见效，暂时离开也就没事了。这时加强沟通也可使父母了解你做事的原则、方法，让他们对你有信心，这样他们自然也就放心了，唠叨也就少了。另一方面是有些老人喜欢唠唠叨叨谈自己过去的事，这就是老人的怀旧感，正如梁启超所说的，老年人多回忆过去。碰上这种情况，做子女的最好是耐心听，在老人回忆年轻辉煌时就赞美几句，在老人提及伤感时就多劝慰老人鼓励他们多享受现实生活。

　　有时候老年父母有些和时代不合怕，子女讨厌他，远离他，他当然感到自卑，感到生活没有乐趣，甚至感到活在世上没有意思。有的老人还有固执的性格，总是固执己见。因为他在社会经历较长，在不同的生活方式中，积累了许多积极的成功的经验，消极的失败的教训，形成了他的一套生活模式，而且总认为他的观点和方法是对的，为了替子女考虑，他也希望子女按照自己的方式去工作生活。遇到这种情况最好耐心听老人说完，尽量采纳其中合理部分，不要公开与他顶撞，那样会严重刺伤老人的自尊心。对他不合理的地方耐心向他作些正面说理，态度应诚恳，使老人在自愿的基础上不再坚持那些不符合实际的做法和看法。有时为了教育孙辈或是处理家政，子女和老人可能产生隔阂，做子女的要尊重老人，需要与老人沟通以消除误会。化解矛盾要讲究方法，已婚子女不要同时在场，子女态度要诚恳。只有这样，双方才能心平气和地讨论矛盾的焦点，寻找解决的办法。记着，无论你是否坐拥金山，名丰誉满，只要在父母面前，你就是他们的儿女。因此，没事儿多和他们聊聊天，你会发现，原来有些人生的智慧真是用时间换来的。

应酬的学问

生活中难免有大大小小的应酬，你完全拒绝是不可能的，除非是过着与世隔绝的日子。要想感情融洽，应酬是条不错的纽带。

生活中的应酬，是一门人情练达的学问。为人处事，同事之间有许多事需要应酬：张三结婚，李四生日，王五得了贵子，马六新升了职务，这些事要躲当然也能躲开，但别人会说你不懂得人情世故。善于社交的人，常常很热衷于这类事，帮人凑份子、送礼请客，皆大欢喜。为什么？因为他把日常生活中的应酬，看作是一门人情练达的学问。应酬是一门社交艺术，只有善用心思的人，才能达到联络感情的目的。

一位同事生日，有人提议大家去庆贺，你也乐意前行，可是去了以后发现，这么多的人，偏偏来为他贺岁，他们为什么不在你生日的时候也来热闹一番？这就是问题所在，这说明你的应酬还不到位，你的人际关系还有欠佳的地方。要扭转这种内心的失落，你不妨积极主动一些，多多提高自己掌握应酬的技巧。

比如你新领到一笔奖金，又适逢生日，你可以采取积极的策略，向你所在部门的同事说："今天是我的生日，想请大家吃顿晚饭，敬请光临，记住了，别带礼物。"在这种情形下，不管同事们过去和你的关系如何，这一次都会乐意去捧场的，你也一定会给他们留下一个比较好的印象。

重视应酬，一定要入乡随俗。如果你所在的公司中，升职者有宴请同事的习惯，你一定不要破例，你不请，就会落下一个"小气"的名声。如果人家都没有请过，而你却独开先例，同事们还会以为你喜欢招摇。所以，要按约定俗成来办。

重视应酬，还有一个别人邀请，你去与不去的问题。人家发出了邀请，不答应是不妥的，可是答应以后，一定要三思而后行。对于深交的同事，有求必应，关系密切，无论何种场面，都能应酬自如。浅交之人，去也只是应酬，礼尚往来，最好反过来再请别人，从而把关系推向深入。能去的尽量去，不能去的就千万不能勉强。比如同事间的送旧迎新，由于工作的调动，要分离了，可以去送行；来新人了可以去欢迎。欢送老同事，数年来工作中建立了一定的情缘，去一下合情合理；欢迎新同事就大可不必去凑这个热闹，来日方长，还愁没有聚会的机会吗？

重视应酬，不能不送礼，同事之间的礼尚往来，是建立感情，加深关系的物质纽带。

同事在某一件事上帮了你的忙，你事后觉得盛情难却，选了一份礼品登门致谢，既还了人情，又加深了感情。同事间的婚嫁喜庆，根据平日的交情，送去一份贺礼，既添了喜庆的气氛，又加深了自己的人缘。像这种情况，送礼时要留意轻重之分，一般情况心意到了就行了，千万不要买过于贵重的礼品。

同事间送礼，讲究的是礼尚往来，今天你送给我，我明天再送给你，所以，不论怎样的礼品，应来者不拒，一概收下。他来送礼，你执意不收，岂不叫人没有面子？倘若你估计到送礼者"别有用心"，推辞有困难，不能硬把礼品"推"出去，可将礼品暂时收下，然后找一个适当的借口，再回送相同价值的礼品。实在不能收受的礼物，除婉言拒收外，还要有诚恳的道谢。而收受那些非常礼之中的大礼，在可能影响工作大局和令你无法坚持原则的情况下，你定要撕破脸面不收，也比你日后落个受贿嫌疑强。

朋友多了路好走

读怎样的书，也就是在交怎样的朋友；交怎样的朋友，也就是在读怎样的书。朋友的类型越多，说明你读的书的种类也就越多，涉及的生活领域也就越多，积累的人生经验也就越丰富，你的生活过得也就越幸福。

潇洒的日子无过于 8 个字"左右逢源，八面玲珑"。如果你自命是块圣洁的水晶，永远应该站在尘世间的那些凡人之上的话，那么你"绝世而独立"的身影恐怕只要稍做晃动就会从万丈高楼跌下，输掉整个人生。

古话说得好："万两黄金容易得，知音一个也难求。""能得一知己，死而无憾。"鲁迅先生也发出感慨：人生得一知己足矣。这都是说明知己朋友难觅。知己朋友难觅，是不是因此就要少交朋友了呢？或者一味强调交友的审慎，就认为这个也不可靠，那个也信不过呢？当然不是。人既然生活在大千世界之中，处在各种社会关系之中，交友是必然的，不但要有生死与共、患难不移的朋友，也要善于和有这样那样的缺点错误甚至是反对自己的人交朋友。

毛泽东胸怀博大，善于结交各种各样的朋友。青少年时期，靠一张《二十八画生征友启事》，他和蔡和森、陈潭秋等人组织了新民学会，结交了一大批有志之友。投身革命后，有朱德、周恩来等一批亲密战友在他身边。同时，毛泽东还与李淑一、章士钊、柳亚子等许多平民百姓、民主党派人士，结下了深厚的情谊。通过朋友，他掌握了社会各阶层各党派的情况，为发展

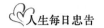

统一战线、制定党的方针政策，都做出了巨大的贡献。可见"兼听则明，偏信则暗"，结交各式各样的朋友，对于取长补短、开阔视野、活跃思维，都是有益的。

唐代画家吴道子出身贫寒，后被唐明皇召入宫中做供奉，与将军裴曼、长史张旭结交为友。在洛阳，裴曼请吴道子到天宫寺作画，并厚赠与金帛，吴道子婉言谢绝，只求观赏裴曼的剑术。于是裴曼拔剑起舞，吴道子"观其壮气"奋力挥毫，写出了绝妙的草书。这真是他山之石，可以攻玉。广泛结交不同身份、不同职业、不同爱好的朋友，就能相得益彰。

虽然广泛交友是值得提倡的，但是又要审慎选择。鲁迅先生曾经说的："我还有不少几十年的老朋友，要点就在彼此略小节而取其大。"略小节，取其大，就是不斤斤计较小节，而要从大处着眼。看人首先看大节大志向，大情趣，不是盯住对方的缺点错误和小毛病不放，而是用发展的、变化的观点看人。如果不能略其小，取其大，就不能与人为善，也就不能全面地客观地评价一个人。而可能一叶障目，不识泰山，最终失去朋友，得不到真正的友谊。

近代知名学者王国维是个不可多得的才子。他博闻强记、智力过人，在甲骨文研究上卓有成绩。后被罗振玉赏识，结为朋友，后又成了儿女亲家。王家贫穷，罗振玉常在经济上接济王国维，但他只是为了将王国维当成赚钱的机器。罗大量收进甲骨文，让王国维来考释，但发表文章的署名却都用罗振玉的名字，使他赚了大量的钱。而王国维最终由于经济上有勒逼，壮年投湖自尽。这都是他交友不当害了他。

郭沫若曾指出：王国维之所以戛然止步，甚至遭到牺牲，主要是朋友害了他。而鲁迅之所以始终前进，一直在时代的前头，也未始不是得到了朋友的帮助。鲁迅之所以能成长为共产主义战士，除了主观上的原因之外，也得益于他身边的那些良师益友。

在志同道合和高尚情趣的基础上建立起来的友谊，是万古长青的，不会随着时光的流逝而褪去温暖的颜色。与品质高尚的人交朋友，结下的真挚友谊是提高你自身素质和生活品位的催化剂。因此，有这么一句话：朋友不嫌多，有水平的朋友不嫌少。

不要失掉朋友

朋友，是我们在成功时刻欢喜的分享者，是我们在失意时刻忧愁的分担者，是我们在无聊时刻烦躁的对抗者。朋友，在生活中应该有着绝对崇高的地位。一个人失去了朋友，成功就会弃他而去。

著名作家杰克·伦敦的童年贫穷而不幸。14岁那年，他借钱买了一条小船，开始偷捕牡蛎。可是，不久之后就被水上巡逻队抓住，被罚去做劳工。杰克·伦敦瞅空子逃了出来，从此便走上了流浪水手的道路。

两年以后，杰克·伦敦随着姐夫一起来到阿拉斯加，加入淘金者的队伍。在淘金者中，他结识了不少的朋友。他这些朋友中三教九流什么都有，而大多数是美国的劳苦人民，虽然生活困苦，但是在他们的言行举止中充满了生存的活力，而且对待朋友十分真诚。

杰克·伦敦的朋友中有一位叫坎里南的人，他来自芝加哥，他的辛酸历史可以写成一部厚厚的书。杰克·伦敦听他的故事经常潸然泪下，而这更加坚定了杰克·伦敦心中的一个目标：写作，写淘金者的生活。

在坎里南的帮助下，杰克·伦敦利用休息的时间看书、学习。1899年，23岁的杰克·伦敦写出了处女作《给猎人》，接着又出版了小说集《狼之子》。

这些作品都是以淘金工人的辛酸生活为主题的，因此，赢得了广大中下层人士的喜爱。

杰克·伦敦渐渐走上了成功的道路，他著作的畅销也给他带来了巨额的财富。

刚开始的时候，杰克·伦敦并没有忘记与他共患难同甘苦的淘金工人们，正是他们的生活给了他灵感与素材。他经常去看望他的穷朋友们，一起聊天，一起喝酒，回忆以往的岁月。

但是后来，杰克·伦敦的钱越来越多，他对于钱也越来越看重。他甚至公开声明他只是为了钱才写作。他开始过起豪华奢侈的生活，而且大肆地挥霍。与此同时，他也渐渐地疏远了那些穷朋友们。

有一次，坎里南来芝加哥看望杰克·伦敦，可杰克·伦敦只是忙于应酬各式各样的聚会、酒宴和修建他的别墅，对坎里南不理不睬，一个星期中坎里南只见了他两面。

坎里南失望地走了。从此，杰克·伦敦的淘金朋友们也永远地从他的身边离开了。

离开了生活，离开了写作的源泉，杰克·伦敦的思维枯竭，他再也写不出一部像样的著作了。于是，1916 年 11 月 22 日，处于精神和金钱危机中的杰克·伦敦在自己的寓所里用一把左轮手枪结束了一生。

第七章

简单生活的味道

　　生活原本就是单纯的，如果你坚持要待它如临大敌，那就是你的不对了。

　　先将风驰电掣的生活暂停，冷静地看看除了金钱、权力之外你还剩下了什么。不需惊诧，健康早已不知所终，精神再不知"放松"是怎样的滋味，头脑里除了物欲丝毫没有再为年少时纯净的美好留下些位置。也许这一切失去的你都会说我不在乎，可是当你面对自己心灵的时候，不知是否还有这样直白的勇气。

　　所以，要记得，这个世间还有太多不能放弃的东西，它们才是人生真正的温暖。

小心精神崩溃

弦绷得太紧，一拨就会断。人绷得太紧，就容易精神错乱。弦断了，尤可续，人断了，哪怕你拥有三千里大好河山，都丝毫不能体会到任何的存在，别说是幸福了。

每个时代总有一种流行性传染病，而精神崩溃，便是现代文明社会的一种调整扩张的传染病。

我们生活在这个旋风般紧张的文明社会里，我们的身心常常有不能维系的危险。就像一架豪华的新型飞机，虽然装备先进发动机，但因载货过重，在强烈的旋风中坠落是不足为奇的。

所以，许多现代优秀人物，在紧张的生活中猝然离世，我们除了惋惜外就只能再加一句"可以理解"了。

精神崩溃有两种：一种是由于严重的疾病，破坏了控制人的全部身心活动的神经中枢，这是真正的精神崩溃。好比电话总局被炸，电线全被破坏，电话总局不得不停止营业，因为它的机构，从根本上已经损坏了。

第二种精神崩溃，和神经中枢没有关系，并不是真正的"精神崩溃"。比如电话总局的机构本是完整的，但因生意太好，装电话的人太多，局里接线员应付不了这样的忙碌；有些构造部分本来不很坚固，再加上业务过分忙碌，就会影响到全局，各个部分都出毛病，不能通话，于是也不得不暂时停业，以便进行整顿和修理。

所以，一个人的工作过于忙碌，忙得无法完成他的工作，或当他的神经中枢被一种严重的疾病破坏了的时候，那种情形也就是这样的，而其原因与治疗之道，则大不相同。

你如果觉得你的精神出了毛病，大有崩溃危险之时，最重要的自然是请医生检查。如果医生检查证明，你有一种属于器官方面的病，那么你必须信任他，请他为你调治。

如果医生检查后确定你的身体本身并没有什么毛病，那么你应当给自己开一张关于你生活状况的清单，自我检查为什么你的生活会给你这样的打击，使你不能在生活的战斗之中取胜？检查明白之后，才可以彻底加以治疗和补救。

所以像这样的精神病症状，实在是致命的先兆，它告诉你，你需要暂时停止工作，因为还有更大的危险在后面。

有些人在失去金钱或爱人后，便有精神崩溃的危险。因为他们的生活一向是建筑在金钱给他们的自尊和爱人给他们的自信上，一旦失去金钱和爱人的支持，他们就难以生活下去，就有精神崩溃的危险，因为他们害怕当威胁突然袭来的时候，没有武器可以抵挡。

日本人当众受辱之时，会剖腹自杀，就是因为承受不住那种侮辱；生活在西方世界里的人，不会采取剖腹自杀的方法，有更"文明"的方式——精神崩溃。

精神崩溃的发生，有时候在高中或大学毕业的前后，或正打算要干一件大事以前，或想到老年要依靠亲戚生活，或在大病之后，想到权力、能力全都失去，将来如何生活的时候。

精神崩溃，并不是能力弱的表现，它表示你承受不住过重的负担。没有一个人，可以夸口说从来没有精神崩溃的症状，有了精神崩溃的症状，也不必惭愧。因为它表示你的志向已经超过了你的能力，或是为命运所迫，必须

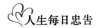

承担过重的责任，而你实际上不能承担的原因。

保持精神健康唯一的方法，是采用了解、激励和启发的方法，重新评估自己的价值，让自己重新回到人群和工作中去，回到娱乐和爱情的世界里去做自己的上帝，拯救一切。

自杀和解脱不是一个级别

自杀？为什么？难道生活对你吝啬得都要取走你的生命吗？佛说，自杀者根本不能解脱，他们只能加重自己的罪孽。只有善终才是大智慧。因为自我了断是残忍的，毫无生命希望的。他不但给社会以损失，更会让亲友陷入无尽的痛苦。如此恶行，佛祖怎么让他重登新生的彼岸？

自杀是弱者的行为，是对生命意义无知的表现。其实一个人之所以想要自杀，不外乎太自私、太为自己着想，没有能力应付外来的压力。一个人如果天天只想"我"、"我想"、"我要"、"我爱"，就会感到生命很有限。只要能够活出责任，活出心中有人，自然不会想要自杀。一个人要爱大自然，这么美好的山河大地，为什么要离开呢？一个人要爱国家、爱社会、爱众生，这么有成就的社会，何以不爱它就想离开呢？想到家人、朋友，他们不是都爱过你、帮助过你吗？你何以忍心离开大家呢？所以能够活出责任，活出心中有人，自然不会想要自杀。

现代社会因竞争激烈、变动加大，压力也往往随之而来。加上家庭等支持系统功能减弱，让许多人一时找不到情绪出口，严重者就容易产生轻生念头。

一个人会自杀，通常会先历经三个关卡：第一关为"出现自杀意念"，第二关是"研拟自杀计划"，第三关则是"进行自杀行动"。

防止自杀的方式之一，就是减少"危险因子"，增加"保护因子"。所谓的危险因子包括中年失业、情感挫折、债台高筑、久病厌世等众多因素；保护因子则涵盖亲情与友情的支持、宗教信仰的寄托、个人的应变能力、调适环境的能力等。

当危险因子增多时，保护因子必须也跟着提高，才能维持一个人的身心平衡。

除了可能因危险因子增加造成自杀概率提高外，"忧郁症"也是不容忽视的因素。统计发现，出现自杀行为的族群中，有八成至八成五的比例患有忧郁症；而门诊病人中，也有六至七成出现忧郁症症状。因此，如何帮助自己或他人摆脱忧郁，亦成了预防自杀的重点之一。

尽管忧郁症看似无形，但仍是"有迹可寻"。当一个人身心出现长时间沮丧、记忆力或注意力变差、食欲下降、体重减轻、容易疲倦、面带愁容、失去热忱活力，甚至产生轻生意念时，就代表他可能已经出现轻度忧郁症的症状。

现代人工作忙碌，加上许多人因为追求完美、希望获得他人肯定而不断给予自己压力，加上又过度压抑情绪，压力指数也就一直降不下来，一旦时间久了就容易出现忧郁症。因此，适时为情绪找出口，以及旁人的陪伴与倾听也益加重要。

想要真正走出生命"忧"谷，除了可求助精神科医师或心理咨询师等专业治疗外，对当事者而言，最重要的还是要找出自己的压力源头，学习如何处理压力、解决问题，才能避免压力如影随形，压得人喘不过气来。

防止自杀之道，人们除了要有挫折教育，要有抗压能力以外，还要找出自己的人生目标。有目标，路就会走得远，走得长，因此要防范自己萌生自

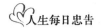
杀念头，唯有找出生命的意义与价值，活出生命的尊严与欢喜。

人的一生只能活一次，每个人都是独一无二的，别人代替不了，所以，要正视"生命的一次性"与"不可替代性"，对自己的生命给予重视与尊严。当你懂得尊重生命，知道生命存在的可贵与难得，就会珍惜生命，而不会因一点挫折就自暴自弃，甚至丧失生存的意志而自杀。

如果能够了解生命的真相，就有力量去忍受、接受、化解。所以，希望想要自杀的人都能勇敢、坚强，以生命来服务、奉献大众，这不是比寻死要好得多吗？

简单生活

外在的荣光只是虚伪的假象，只有心灵的舒适才是幸福之源。简单生活，自然的状态让心如明镜般绽放。

某一个宁静的夜晚，德克在自己郊外的小屋中和家人围坐在炉火前望着窗外的星空，静静地聆听，静静地观察。桌上几支蜡烛跳动着火焰，炉中的铁锅冒着热气。每一次小屋之行都让德克一家感到家庭的温馨和对生活的感恩，夜晚也充满了神秘和憧憬。

当然，倡导无电的简单生活并不一定是物质的匮乏，但它一定是精神的自在状态；简单生活也不是无所事事，只是心灵的单纯。一个清洁工和一个公司总裁同样可以选择过简单生活，一个隐居者和一个百万富翁如果都认同简单的做法，他们同样可以更充分地吸取生活的营养，然后快乐终生。"简单"的关键是你自己的选择和内心感受。就像素食主义只是简单主义者的一种选择，但并非简单生活的实质。

有人问我，"简单生活"是否意味着苦行僧般的清苦生活，辞去待遇优厚的工作，靠微薄的存款过活，并清心寡欲？事实不是这样。"简单"意味着"悠闲"，仅此而已。丰富的存款，如果你喜欢，那就不要失去，重要的是要做到内心的满足与平衡，不要让金钱给你带来焦虑，不要让金钱让你违背本意地去做令人良心受到质问的事情。

当我们为拥有一幢豪华别墅、一辆漂亮小汽车而拼命地工作，每天晚上在电视机前疲惫地倒下；或者是为了一次小小的提升，而默默忍受上司苛刻的指责，并一年到头赔尽笑脸；为了无休无止的约会，精心装扮，强颜欢笑，到头来回家面对的只是一个孤独苍白的自己的时候，我们真该问问自己干吗这样，它们真的那么重要吗？

简单的好处在于：也许我没有海滨前华丽的别墅，而只是租了一套干净漂亮的公寓，这样我就能节省一大笔钱来做自己喜欢的事，比如旅行或者是买上一台早就梦想已久的 DV 机。我也再用不着在上司面前唯唯诺诺，我自己就是自己的主人。提升并不是唯一能证明自己的方式，很多人从事半日制工作或者是自由职业，这样他们就有更多的时间由自己支配。而且，如果我不是那么忙，能推去那些不必要的应酬，我将可以和家人、朋友交谈，分享一个美妙的晚上。

我们总是把拥有物质的多少、外表形象的好坏看得过于重要，用金钱、精力和时间换取一种有目共睹的优越生活，却没有察觉自己的内心在一天天枯萎。事实上，只有真实的自我才能让人真正地容光焕发，当你只为内在的自己而活，并不在乎外在的虚荣时，幸福感才会润泽你干枯的心灵，就如同雨露滋润干涸的土地。

我们需求的越少，得到的自由就越多。正如梭罗所说："大多数豪华的生活以及许多所谓的舒适的生活，不仅不是必不可少的，反而是人类进步的

障碍，对比豪华和舒适，有识之士更愿过单纯和粗陋的生活。"简朴、单纯的生活有利于清除物质与生命之间的樊篱，为了认清它，我们必须从清除嘈杂声和琐事开始，认清我们生活中出现的一切。哪些是我们必须拥有的，哪些是过分奢侈的，哪些是必须丢弃的。

当我们发现不能接近他人，因隔阂而不能相互沟通，不过是匆忙、疲惫造成的假象。只有当我们轻松下来，开始悠闲的生活才能真正体验亲密和谐，友爱无间。我们将不再在生活的表面游荡不定，而是深入进去，聆听生活本质的呼唤，让生活变得更有意义。

世界如此美好，可是你的烦琐、浮躁却破坏掉原本真实而又纯净的生活意义。你拥有一分简单，便会释放出一股轻松；保持一分单纯，便会萌生出一缕恬静，守候一分真我，便会得到一种潇洒。用简单清澈的眸子去观察世界，你将得到关于生活的全部本质。

改善你的生活环境

要想在工作中轻装上阵，就必须卸下身上的包袱。家里和办公室里那些不必要的东西给心理造成的负担，往往比许多人预想的要严重得多。永远堆积如山的旧报纸是恐怖的，淘汰了却舍不得扔掉的旧电器是危险的，以"百"为单位计量的衣服是愁人的……如果你不想再遭受它们的折磨，就要大气地把它们从生活中清理出去，重给自己自由。

如何避免旧家什带来的可怕后果？

房间中长期的无序混乱状态，不仅不便于清扫，更会给你的身心带来持久的伤害。你表面上可能会慢慢地适应，可你的潜意识却不会这样。因此，你必须付诸行动了。

1. 旧家具的增肥功效

旧家具也能使人变胖，这绝不是开玩笑。英国清理废弃物的女专家卡·金斯顿经过4年的研究，惊奇地发现：那些在房间里堆放了过多废弃物的人，体重往往都会超标，原因很可能是脂肪和物质财富都是用来自我保护的。身体超重经常和情绪上的"堵塞"有关：就像你对某些旧的纪念品无法释怀而将其积攒起来一样，你体内的新陈代谢也没能正常进行，而是变为脂肪的积累。

给你的建议是：为你拥堵的房间制定一套"减肥"方案吧，这一过程其实比真正意义上的减肥容易得多。接下来就是行动了。一位女士曾这样说道："在空荡荡的房间里，那种压抑的感觉再也没有了。"

2. "储藏"而非"收藏"

每个人都多多少少有收集东西的嗜好，比如发夹、口红、书、打火机、咖啡杯、毛绒玩具、动物雕像或是邮票等等。这种积攒通常从很小的规模开始，起初可能只是在书柜、装饰柜里摆放一些装饰的东西，渐渐地它就变成了你的一项家务，你开始收集壁纸、桌布、壁画、手绢、餐巾、餐具，甚至给你收集的小玩具（小青蛙、熊、牛等）做衣服。这种行为背后，潜藏着人类自古以来都在寻求的认同感，就像北美印第安人的图腾崇拜一样，而它的结果，则是给房间带来了难以计数的储藏品。

你要用批判的眼光审视一下自己所积攒的物品：你是从什么时候开始收集这些物品的？潜在的原因是什么？你当时对这种物品的需求现在依然存在吗？还是你已经被习惯性的收集所束缚？然后，设法停止这种无意义的收集。通常情况下，可以从放弃自己积攒的火车模型或是老式咖啡杯开始做起，这要比直接大量削减自己的"收藏品"容易得多。如果你有位和自己爱好相

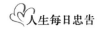

同的朋友，不妨把这些东西转送或是卖给他，以此还能给自己带来不少快乐。如此一来，不但你的生活得到了真正的简化，你还拥有了更多的自由去做别的事情。

你一定要把"收藏"和单纯意义上的"储藏"严格区分开来。真正的收藏应该是系统化、专业化的，比如收集彩绘陶瓷蛋杯，名字相同的人的名片或地址，各种泰迪熊。培养自己的收藏爱好是件好事，为此腾小时间和空间是值得的。

与此相反，储藏则是非系统性地积攒一些原本和你毫不相关的东西。这些东西你在生活中根本不需要，而为了保存和看管它们，你却要耗费大量的时间和空间。随着它们越来越多地被积攒起来，你反而会被它们所控制，它们不断吞噬你的时间、精力，占用大量的空间，直到最后转化成一堆垃圾。你积攒这些原本毫无用处的东西的动机有很多种：出于对赠送你物品的人的尊敬，为坏年景做准备，以备不时之需，购买时花了很多钱，或是准备传给自己的下一代。

出于以上动机保留下来的物品，你可以彻底清理掉了。你要学会有选择地从自己积攒的物品中挑出有价值的纪念品保存起来，真正的收藏是能够给你带来无穷乐趣的。

3. 清理你的大衣柜

必不可少的单品：所有你在最近 8 周经常穿的衣服，都挂到挂衣杆的最左边，其中毛衣、T 恤衫可以放到专门的格层里。有些衣服可能不适合在眼下的季节穿，不过你若是觉得气温一旦转暖或转冷，就会马上穿着它们出门，那它们也应该归入这一类。这些挑选出来的衣服就是你最喜欢穿得了，一般它们所占的空间都不会超过衣柜的四分之一。

"鸡肋"衣物：那些你有一年以上没穿过的衣服，以后大概也不会再穿了。它们占用了你衣帽间里过多的空间，所以，赶紧把它们都挑出来！即使会有几件价格昂贵的或是受赠于好友的也不例外，要知道，正是它们浪费了你衣帽间里宝贵的空间。你可以把它们装到箱子里捐赠出去，在二手市场卖掉，拿来送人或是干脆丢进垃圾箱。

舍弃那些古怪、夸张的衣服，它们很快就会过时，你应该添置些适合各种场合的单色套装。另外，不要把钱花在那些很少穿着的节日礼服上，你更需要的是平常穿的衣服。再有就是要注意，我们优化后的衣帽间，里面放置的都是最常穿的衣物，它并不针对哪个特定的季节，而在领带、头巾、饰物这些饰品上，你则不妨根据当前的潮流给予特别关注，因为这些东西往往会根据时间的推移而卷土重来，比如最近时兴的复古风。谁说你几年前买的那个夸张的百合胸针落伍了？

营养平衡

一位法国营养学家指出：一个民族的命运，决定于它吃什么和怎样吃。

这个社会不可能每个人都说："我是为美食而生。"但绝大多数都会说："我是为工作而生。"于是，忽视了一切的休闲而乐此不疲地工作着，忙碌着，一起被省略掉的，还有那可怜的用餐。

当然，对于那些无聊又始终对美丽"贪婪"的追求着的瘦身女性，我们也抱之以同情，毕竟人家也是以牺牲健康和寿命为代价的。

不管你是工作狂也好，是瘦身狂也罢，你都必须要知道，人要生存，就必须在饮食中取得肌体所需要的能量，用以供给心脏跳动、肺脏呼吸、肾脏排泄，以及维持适宜于生存的体温，维持骨骼、肌肉的生物紧张度等。

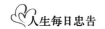

人如得不到能量物质的支持，生命活动就终结了。

也许有人会说，我不愿这一生就为"吃"而生存。可是如果你拒绝它，你一定生存不了。"弱肉强食"，连自然界都得承认食物是生命的最高法则，你挣脱得了？不过话又说回来，"吃"不是胡吃海塞，它是很有讲究的，要营养均衡，否则过犹不及。

营养全面平衡的原则。平衡营养的主要目的是满足人体正常的生理需要，有利于吸收和利用，又不增加肌体负担。合理营养的基本原则可以概括为全面、平衡、适当。

1. 海纳百川

它的意思是指各种营养素摄入要全面，食不厌杂。人体所需的营养有蛋白质、脂类、碳水化合物、维生素、无机盐、水、纤维素等。任何一种营养素的缺乏都会直接影响肌体健康。饮食要丰富，才能获取全面的营养。任何一种自然食品都不能全面满足人体营养需要，因此饮食要多样化。饮食要注意荤素、粗细、主副食物搭配，花、果、根、茎兼顾，才有利于全面营养。假如，吃一条鱼或一只鸡，从全面营养角度看，应当包括骨头都吃下去，但传统食品加工无法把骨头粉碎。现代食品加工业的发展将给全面营养带来方便。

2. 营养均衡

均衡是指各种营养素摄入与人体需要之间相对平衡。儿童肌肉骨骼生长需要大量的蛋白质、钙；运动员需要大量的高能量食物；孕妇需要摄入较多卵磷脂等脂类以满足胎儿脑神经系统的发育；一些病人补入大量维生素C能减轻病情，加快康复；女性由于月经关系比男性对铁的需要量大；一日不同时辰、一年不同季节、不同生活工作节奏和对不同环境的适应需要，导致饮食营养需要也有差异。对每个人来说，营养摄入过少，不能满足需要，可发生营养不良性疾病；摄入过多，既是浪费又对肌体产生负担，产生营养过剩性疾病。如整日打坐念经的和尚或长期练静气功的人不吃荤是有一定道理的，因为他们消耗能量小，荤食都是高能量食品，摄入后能量无处释放。再者，摄入肉食后，血脂浓度高，血液黏滞度加大，静坐时心率缓慢，很不利于推动血液循环，故食肉后静坐会打瞌睡。

3. 比例协调

在你准备大快朵颐时，要注意你所摄入各种营养之间的配比要适当，在全面和平衡的基础上制定合理膳食搭配。人体元素组成及其人体不同状况下对各种营养素需要量是有一定配比的，只有符合人体需要的搭配才有利于更好地吸收和利用。日常饮食中我们应当注意供给中的蛋白质、脂肪和碳水化合物的比例要适当，动物蛋白和植物蛋白的比例要适当，荤素比例适当，主副食比例适当，一日三餐、一年四季、一生不同阶段食物搭配要适当。老年人饮食适宜低盐、低糖、低脂，高优蛋白、高纤维素、高维生素。另外，适当服用调节性保健食品是必要的。保健食品是人类的智慧，是增进健康和科学延寿的重要着眼点。近年来保健食品发展很快，品种繁多的保健品广告攻势一浪高过一浪，令人眼花缭乱，跃跃欲试。对此一定要注意，切记不能乱服。如含有机锗、硒量高的保健食品对土壤中非缺锗、硒地区人群的健康没有作用，多用后反而会中毒。目前，市场上很多调节性保健食品是建立在传统医学基础上的，有补阴助阳、健脾胃、养肝肾、行气活血、安神等区别，适合于不同的身体状况，需要了解有关知识或在专业工作者指导下购买服用。

睡觉，并且快乐着

只有首先懂得了吃，才有可能懂得健康，得到健康，然后才能精力充沛

地在自己得意的人生中，呼风唤雨。"春困秋乏夏打盹，睡不醒的冬三月"。人，似乎就是为了睡觉而生的动物。当然，不能一年四季都"冬眠"，生活还是要过的，工作还是要做的，只是不要为了工作付出全天 24 小时。

当今社会是一个缺乏睡眠的社会。成年人每天的睡眠时间，要比他们的祖父母一辈少 70 分钟以上；与 1910 年的青少年相比，当代青少年每天的睡眠时间甚至减少了 90 分钟。我们这个时代的许多免疫干扰症、传染病、神经性疾病、偏头痛和过敏症，归根到底都是由睡眠不足造成的，可见休息不好确实是个大问题。

是的，在这个快节奏的社会中，我们每个人都无暇自顾，但至少有一点我们必须而且应该能够做到，那就是注意休息。这不是浪费生命，而是再造生命。

如何认识休息的重要性呢？让我们从对疲劳的认识开始谈起。

疲劳是一种精神和情绪上的紧张状态，一般来讲，在完全放松之后，它就消失了。

防止疲劳，就是要好好休息，在你疲劳产生之前好好地休息。

我们要先了解一下疲劳的增长速度。

美国陆军曾经做过好几次实验证明，即使是年轻人，经过多种军事训练强壮的年轻人，他如果不带背包，每小时休息 10 分钟，那他们的行军速度就会增加一倍。

约翰·洛克菲勒保持着两项惊人的纪录，他赚了世界上数量最多的钱财，而且还活到了 98 岁。

他这两点秘诀是什么呢？

很简单，一个是遗传，他们家中世代长寿，另一个原因就是他每天中午都要在办公室里睡上半小时的午觉。他就躺在办公室的大沙发上，这时不论是什么重要人物打来的电话，他都不接。

第二次世界大战期间，丘吉尔执政英国的时候已经六七十岁了，但却能每天工作 16 个小时，坚持数年指挥英国作战。他的秘密又在哪里呢？

他每天早晨在床上工作到 11 点，看报告，发布命令，打电话，甚至在床上举行重要会议，吃过午饭后，再上床午睡 1 个小时。而在 8 点钟的晚饭前，还要上床去睡上 2 个小时，他根本就不需要去消除疲劳，因为毫无疲劳可言。正是由于这种间断性的经常休息，他才有足够的精神一直工作到深夜。

因为人体的结构特殊，所以只要有短短的一点休息时间，就能很快地恢复全力。即使是 5 分钟的瞌睡，也至少能支持人 1 个小时的精神。

关于睡眠有一句论断式的名言："男人睡 4 个小时，女人睡 5 个小时，白痴才睡 6 个小时。"虽然拿破仑的夜间睡眠时间很短，但是他会通过白天不断地打盹对此进行弥补。

而达·芬奇这位意大利文艺复兴时期通晓一切的天才，之所以会完全放弃夜间睡眠，原因在于取而代之的是每隔 4 小时一次、时长 15 分钟的短时睡眠。

此外，发明大王爱迪生之所以有无穷无尽的精力，都得益于他随时随地想睡就睡的习惯。

因此要获得最佳自我放松的方法就是：

在感到疲劳之前先行休息，让睡眠为大脑充电。你睡觉，并且快乐着。

休闲主义

"休闲"一词对于我们这些驰骋在公司中的人来说，无疑就像它在 20 世

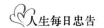

纪初刚被传入时那样陌生。在印象中它只属于两种人，一是钱多得花不了的富户豪门，一是用明天的钱来买今天的快感的人。可惜你两者都不是，所以你不休闲。

真正的休闲意味着从事令人愉悦而且有益的活动，而不用忙于生活中的其他事情。你无法在繁忙的日程中强加入休闲，期望能感觉良好。有时候，你在工作日里承受的巨大压力让你非常重视周末和其他休息日的作用。你希望放松，但是压力却很大。即便有时间的时候你也无法好好休息。你的大脑可能没有空闲来享受这休息的时间。

不要搞错了：休闲是生活的基本组成部分。如果你不能经常得到有益的休闲，你的生活就是不完整的。

当时间很紧张的时候，休闲活动通常是首先从日程表中消失的。简化生活的一个好处就是，你将会拥有更多开心的机会。把休闲当作那些占据你宝贵时间的回报。

如果你不习惯拥有自由的时间，你可能需要学会怎样选择和规划休闲活动。基本内容如下。

随心所欲做你想做的事。每星期将一个下午或晚上完全分配给自己。用这几个小时的时间来做任何你想做的事情：玩智力拼图，听你喜爱的音乐，在花园劳动，所有你平时想做却总是没时间做的事情。要选择不会受到其他事情干扰的场所。

不要计算时间。如果你在休闲的时候仍然不停地看表，你就没有真正地放松。让自己完全放松，一直到忘掉时间的存在。在这种状态下，你能够从放松之中获得最大的益处。

按照你喜欢的方式去做，生活的各领域中人们对技术进步的迷恋，已经让人们忽视了传统娱乐方式所带来的简单的快乐。人们以为，必须拥有最好、最先进的设备器械才能充分地放松。但是，当紧跟潮流成为焦点所在，休闲的乐趣也就荡然无存。在自己快乐的同时，尽量不要同朋友和邻居攀比。

将别人的需要放在自己的需要之前，无疑是一种高尚的行为。然而时间一长，这种自我牺牲也开始要求一定的回报。除非你照顾好自己，否则是没有精力和体力去解决家庭和朋友的问题，满足他们的需要。

记住，你也和别人一样需要而且有资格享受休闲的时间。所以，试试下面这些放松的办法，给自己应得的休息。

洗个放松澡。最有效而且最简单的放松办法之一——包括男性在内——就是花时间舒舒服服地洗一个澡。在浴缸中加入泡沫剂、浴油或天然盐、牛奶、花瓣、精油……也可以什么都不加。放一个浴缸枕头，以便能够躺下。然后闭上眼睛，享受一番。要避免别人的打扰，锁好浴室的门，挂一块牌子"请勿打扰"。

泡泡脚，如果没有时间全身泡澡——哪怕是短暂的一次——可以泡一下脚。在小盆子里装上温度适宜的热水，放在你喜欢的椅子前面。然后坐下来，把脚泡进去。这样你就只能待在一个地方，不会因为接电话或应门而被打断。

另外，度假也是让身心放松的一种方法。实际上，在自己喜欢的地方度过美好的时光——不论是一个长的周末还是整整一周——会让你从忙碌的生活中解脱出来，精力得到恢复。当然，前提是一切都能按计划进行。现在不必担心了。

你也许有过这样的经验。因为航班取消、旅馆预订出错、丢失行李、目的地与预想的不符等原因，本来满心向往的度假却变成了可怕的噩梦。有了下面这些办法，你可以避免出现混乱，让你拥有难忘的度假。

在计划一次度假的时候，首先决定你想在什么时候去什么地方，想去做什么。在考虑问题的时候，记住下面这些因素。

度假的目的要清楚。度假的目的在于放松。如果你把每天的日程都安排得很满，大多数的时间都花在赶路上，你和家人回家之后可能会比离家之前

更累。不要妄想将每一分钟都计划好。如果你喜欢观光游览，在每个景点要留有足够的时间。不要想在一次旅行中把所有东西都看个遍。毕竟，你还可以再去。同样，如果你喜欢花时间在游泳池里或沙滩上，那就尽量去做。这才是度假的目的所在。

出发的日子终于到了，这是你最棒的一次度假。你可以在这段宝贵的时间里完成你小小的休闲计划，它能帮助你开拓视野，增长见识，洗涤心灵，更重要的是，花不了太多的钱。

爱上阅读

"书中自有颜如玉，书中自有千钟粟，书中自有黄金屋"，也许今天，读书已经不再是我们梦想出人头地的唯一方法，但是书籍所交给你的智慧则是你终身取之不尽，用之不竭的财富。

没有书籍，就不能打赢思想之战，正如没有舰船不能打赢海战一样，因此，你应该热受书籍，养成阅读的好习惯。要想博学多才，其实不难，你只要照着正确的方法去做。每天阅读15分钟确实会让你变得更加富有。实际上这样你1个月就可以读1本书——1年就是12本——仅仅需要每天读15分钟。让我们这样来算算：

高中毕业生的平均阅读速度是每分钟250字。但我们都会时不时地停下来重读某些句子……或者是停下来想想某些新想法。所以，公正地来讲，大部分成年人的平均阅读速度是每分钟200字，而每张纸上有400字左右，也就是说，阅读能力处于平均水平的读者能轻易地在2分钟之内读完。按照这样的速度来计算，15 分钟之内，你就可以读上 7 页。

一本厚一点的书可能要花 1 个多月的时间，但总的来说，如果你每天读 15 分钟，你就有可能在 1 个月之内读完 1 本书。

到了年底，你就至少读过 12 本书了，对吗？10 年之后，你会读过总共 120 本书！想想看，每天只需要抽出 15 分钟时间，你就可以轻易地读完 120 本书，它可以帮助你在生活的各方面变得更加富有。如果你每天花双倍的时间，也就是半小时的话，1 年就能读 24 本书——10 年就是 240 本！还有别的什么事情能够让你得到如此多的回报？而花的时间却比洗餐具的时间还少。

这就是我不会同情那些说没有时间来阅读的朋友的原因。那些都是无稽之谈，他们是有时间的，他们只是把时间花在别的他们认为更重要的事情上了。

你是怎么做的呢？在为你没有得到你所应该得到的东西而找借口吗？你是否太累了？太忙了？压力太大了？

好了，你干吗不找点让自己读书的理由，而不是不读书的理由呢？为什么不告诉你自己，你应该在生活的各方面都更丰富呢？为什么不告诉你自己，没有什么时间比眼下就开始读书更好了？

告诉自己，你会去应用阅读的那一点点胜算，以获得生活中的巨大收益。

告诉自己，去翻开那些以前买了却从未动过的书……然后，再告诉自己每天坚持读 15 分钟。

当你每天合上你所读的书的时候，告诉自己因为读书，自己变得多么富有。把自己交给一本好书阅读是天空的繁星，如果失去它，你就丢失了自己在黑夜中寻找希望的眼睛。

凯瑟琳·法默曾讲述了一段她的经历：

那时我经常不安、烦躁，4 天 4 夜未曾合眼，18 天没有吃过一口固体食物，甚至连食物的气味都会令我极度不适。

文字无法描述我心中的痛苦，我怀疑地狱的酷刑也比不上这种折磨。我觉得自己不是趋于灭亡，就是濒于疯狂。

我知道自己不能那样继续生活下去。

生命中的转折点，发生在有人送了我本预售版的书，在这三个月的时间里，她确实与这本书共同生活，仔细研究每一项规则，她急切地想找出一种生活的新方法。慢慢地她的情绪渐渐稳定，开始对未来怀抱希望，并能够接受每天的挣扎与奋斗。

现在，只要我一发现自己开始担忧某件事，我就立刻停止担心，而开始找出这本书的某些原则来运用。如果我开始为今天必须完成的某件事紧张不安，我就让自己忙碌起来，立刻去做它，不会在心中记挂着它。

一旦我能面对以前会把我逼疯的某些问题，我就可以平静地尝试运用本书中解决问题的方法。

首先，我扪心自问，可能发生的最坏状况是什么。第二，我先想办法在心里先接受它。

如果我发现自己所担心的是一件不可改变的事——又不想去接受它——我立刻停下手边的事，作一个小小的祈祷：

祈求上天赐予我平静的心

接受不可改变的事，

给我勇气，

改变可以改变的事

并赐予我，

分辨此两者的智慧。

自从看了这本书后，我确实经历了一种新的、完全陌生的生活方式。我不再听任焦虑摧毁我的健康与快乐。

现在我一天睡 9 个小时，我品尝到食物的美味。

我已拨云见日，敞开心扉，有激情去发现并欣赏这个美丽的世界。

我感谢上苍赐给我生命，以及有幸生活在如此美妙的世界中。阅读是应该有选择的，它应该能在你悲观失望的时候给你力量，在你冲动急躁的时候给你安慰，在你犹豫徘徊的时候，给你指导，这才算得上是一本"合格"的书籍。如果随意地滥读或是因受宣传的蛊惑而进行媚俗性阅读，将会养成一种低下的阅读趣味和阅读习惯。一旦定型，日后便难以纠正过来了，更可怕的是，它也有足够的能力引你误入歧途。

哈佛大学校长艾略特说："要养成每天用 10 分钟来阅读有益书籍的习惯，20 年后，思想上将大有改进。所谓有益的书籍，是指世人所公认的名著，不管是小说、诗歌、历史、传记或其他种种。"

别把烟酒当亲人

烟、酒对于交际来说，似乎绝对是必不可少的东西。然则，烟致大疾，贪杯误事，既然事实谆谆告诫，那就不要让自己和它们走得太近，以免引火焚身。

现代生活，人与人交往频繁，为了联络感情，最简捷有效的大众方法就是烟酒，一支好烟递过去，说明受敬者在你心目中的地位如何，而"感情深，一口闷，感情浅，舔一舔"也是亘古不变的"真理"，岂不知，烟酒之害极

深也毒！所以我们要做的就是：

1. 戒烟。

最近，加拿大进行了一次广泛的调查，以了解癌症在各种职业的人群中的发病率。结果发现酒吧老板和店员患喉癌的概率比其他人高 6～7 倍。医生们认为，烟草产生的烟雾是致病的罪魁祸首，这种烟雾往往与大量酒精的挥发物混合，在一些酒吧和餐馆的空气中经常处于饱和状态。

这项调查的一个特点是，首次对从未吸过烟的人与从未戒烟的人之间进行了直接比较。该项调查还表明，一个人吸烟量的大小亦与寿命减少的年限有关，一般为 5～12 年的差异。美国专家认为，吸烟与某些疾病的关系十分密切。据估计，美国每年由于吸烟致死者大约为 40 万人。此份调查报告在美国公众中引起了广泛的重视。

你应该知道香烟中的尼古丁一直被认为是直接置人于死地的元凶，一滴尼古丁可以毒死 3 匹体重 200 千克的大马。但据最近美国医学会几位权威人士的研究结果表明，香烟中的真正凶手是吸烟时产生的一氧化碳、烟雾中的微粒与焦油。试验证明，接触一氧化碳的动物比不接触者血管壁的胆固醇沉积量多 4 倍，与动脉硬化所具病理相同；烟雾中的微粒对人的呼吸道黏膜有较强的刺激作用，可使气管及肺泡受到直接损害，导致呼吸功能低下，严重时会使人出现呼吸衰竭而死亡；吸烟时产生的焦油具有明显的致癌作用。香烟中的尼古丁对人体的危害主要是成瘾作用，因而各种减少香烟中的尼古丁含量及吸入的措施，可以降低人们对香烟的依赖，但不能有效地防止香烟对人体的直接危害。无论制烟工艺如何改进，对于已经成瘾的吸烟者来说，只有逐渐戒烟才是唯一切实可行的养生防病措施。

2. 节酒。

自古以来，酒就与人类生活有着不可分割的联系，与坚决戒烟的态度不同，人们对酒则并不抱"一竿打死"的念头。中医还把酒当作一种药物，广泛使用于临床各科和中药制备。少量饮酒，可以通经活络，促进气血的运行，有助于食物的消化吸收和疲劳的恢复。而近年来，国内外不少研究发现，喝少量的酒可以降低心肌梗死和脑血栓的发病率，可以增强体力和记忆力，使精力更加充沛，身体更加健康。但是凡事都要有度，若饮酒过多，嗜酒成瘾，不分时间场合，总是贪杯不止，则会变利为害，导致多种疾病的产生，即"酒性皆热，多饮必病"。

饮酒应"浅尝辄止"，切勿酗酒、贪杯。但是，人的体质有强弱之别，对酒的耐受程度存在着差异；而且酒的种类繁多，所含酒精浓度各不相同，所以很难一概而论。一般认为，一个体重60千克的人，每天肝脏最多氧化15毫升乙醇（相当于60度白酒25毫升），所以，一个人每日饮60度白酒不应超过25毫升；一般葡萄酒、黄酒、加饭酒不应超过50毫升；啤酒不超过300毫升。

节制饮酒，就是要防止超量饮酒，因为饮酒过量可以直接损害肝脏，引起肝炎、脂肪肝、肝硬化，甚至肝癌；除此之外，还会引起高血压、动脉硬化、冠心病、头痛失眠、记忆力减退等。如果是患有某些慢性疾病的人，更应节制饮酒，比如患有慢性呼吸道疾病的人，酗酒会使咳嗽加剧，甚至导致突然晕厥，神志不清；糖尿病病人酗酒后，不仅可因为产热过多而使病人的热量过剩，而且这类病人使用的胰岛素将大大增加酒精的毒性。

要节酒戒酒，首先必须以科学的态度来认识酗酒的危害性，树立起节酒的决心。其次还应采取一些相应的办法，以求尽快达到戒酒的目的，比如寻求亲友的配合，随时进行监督，这种监督对酗酒者可构成一定的心理压力，抵消一部分饮酒的欲望；又如选用啤酒、果酒、饮料等，依次用低度酒代替烈性酒，以非酒精饮品代替低度酒，逐步减弱对酒的依赖等。我们不仅不能酗酒，而且少量饮酒也应注意时间和场合，一般上午、中午均不应饮酒。在公共场合饮酒时，还须注意言谈举止，把握分寸，以显示良好的修养及精神风貌。

美丽的无上地位

只要你时刻记得远离烟酒，那么身体就不会再因烟熏火燎而跟你作对。留住了健康，还有什么不是随心所欲的呢！

如果上天给你一次重新选择的机会，相信几乎所有的女人都会发自肺腑的感叹：让我变得更美丽一些吧！如果要给这个愿望的实现加上时间，我希望是：马上和一万年！

然而……也许是不太可能发生这一幕的，除非是勇敢地接受整容手术者。其实，在这个世间，每个人都是有缺点的，包括容貌，包括气质，包括学问，下至平民百姓，上到高层领导，否则就不会有"人无完人，金无足赤"的古语。

《红楼梦》中之一僧一道皆跛足瞎眼，揭示人间是一缺陷之地。世间并无完美之物，中国古代四大美女美吧，她们却是或这或那都有些缺陷。

西施是美女的代名词，可是貌美的西施，仍然不能完完全全"天然去雕饰"，她生就一对又圆又小的耳朵，与她"沉鱼"的美丽面庞很不相称。为了弥补这天生的不足，西施让人打制了一副又大又沉的金耳环，以使自己的瓜子型的脸更加楚楚动人。

相传貂蝉出身贫寒，生下来瘦弱可怜，其母担心无法养活她，曾想用细绳把她勒死，后来母亲到底心软，貂蝉虽没有死，但脖子上却留下一条细痕。她不到 10 岁就被卖掉，这时她越长越美，十几岁时出落成一位貌能"闭月"的绝代佳丽，但美中不足的是她颈部的那条细痕，另外还有一股难闻的体气，这使她的美貌打了折扣。为此，她让人制作了一条带坠的粗项链，坠子里装满了龙涎香，这样一来，细痕和体气都掩饰住了。

"回眸一笑百媚生，六宫粉黛无颜色"的杨贵妃因身体过于丰满，又贪吃荔枝，闹得牙痛口臭，而且步履沉重，走路姿势难看。后来，一个大臣为她献上一红一绿一对小玉雕鱼，让她含在嘴里，治好了她的牙痛口臭的毛病。杨贵妃又在裙带上安了许多小金铃和玉佩，走路时玉佩金铃相撞，金玉齐鸣，清脆悦耳，弥补了她走路笨重的不足。

王昭君虽有"落雁"之容，却长了一双大脚，汉代虽还没有缠足的习惯，可女孩的脚大了也不太好看。由于当时有佩玉的习惯，王昭君就请裁缝做了一件套裙，在裙下镶满美玉佩饰。这样，长裙拖地掩盖了她的一双大脚。

这四大美女掩饰自身的缺陷的方法虽然巧妙，却给后人留下了茶余饭后的谈资，她们花费心思极力掩盖的事实，反倒是世人皆知了。

有很多视美丽为天分的女人，常常抱怨上帝没有赐给自己完美的身材和容颜。对着镜中的自己，总有那么多的不满与挑剔，有的甚至完全否定自己。而对形象不满意会导致多种表现：从抑郁不欢，到夸大自己身上的缺点，表现不一的表征下面的挫折感是一样的。

你是否注意到，最具有魅力的女性不一定都有国色天香。她们迷人之处在于其积极的人生观与自我意识，而非身材与容貌。美丽是自己的，我们何必跟别人的评价走呢？何况旁人的指点又不一定准确。只有认可自己，欣赏自己，美丽才会由表及里、由内至外地散发出来，这是一种清透诱人的光彩。犹如骄傲的钻石，纯净又矜持着。无论别人将什么词语放在它上面，都一如既往地保持自己坚定的信心和璀璨的勇气。所以说，美丽三分是外在，七分来自内心。只要你相信自己是最美的，你就肯定会变成最美的，因为自信能带给你红润的脸色、明亮的眼神、洒脱的举止、优雅的风度，这些让你魅力非凡的一切一切……

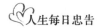

能吃不一定是福

贪婪的表现有很多种，看上去最无辜的或许就是对食物的欲求不满。假如你丝毫不以暴饮暴食为罪过，把它当成是一种生活的享受的话，那么无疑将会受到莫大的损害。因此，要理智地控制自己的欲望。

在我们的生活中有很多人喜欢饮食，这本是无可厚非的。然而，"好吃"却与美食文化是两个不同的概念。大部分人觉得吃喝无罪，于是就毫不节制，努力贯彻"吃下去是自己的"、"能吃是福"的原则暴饮暴食。殊不知，这是非常不好的生活习惯。现代人的很多疾病，都跟暴饮暴食有很大关系，比如全社会为之担忧的肥胖问题，高血脂、糖尿病等问题，或多或少都是由暴饮暴食造成的。

人们见了美食，都会两眼冒光，迫不及待地大快朵颐，可以理解。可如果一个人吃得太饱，喝得太多，一方面使胃肠的负荷大大增加，消化系统不得不承受沉重的压力，身体资源全部要被调动到消化食物的工作中去，无疑会使人处于一种疲惫乏力、昏昏沉沉、没精打采的状况中。

另一方面，过饱又会把多余的营养存于皮下，尤其是堆积于腹部。人人都为自己有一孕妇的肚腹而发愁、烦恼，不管是男人还是女人，都为这种体形而感到不舒服。很多人把目光会转向市面上大量的减肥药。但减肥药、减肥茶这些东西并不可信，因为有很多人吃了是瘦了下来，但却把身体的其他功能给破坏了，更可怕的是它还会反弹，以至于市面上的那些瘦身器材，非有恒心者不能达到，非能忍痛苦受煎熬者不能达到！

美国得克萨斯州大学的马沙洛博士做了一个这样的实验：把一群实验鼠分成3组，第一组任由它们随便吃，想吃多少就吃多少；第二组把食物减下四成；第三组也是随它们吃多少，但蛋白质摄取量减半。

结果两年半之后显现出来，第一组老鼠的存活率只有 13%，第二组老鼠的存活率高达 97%，第三组老鼠的存活率也只有 50%。

这个关于老鼠的实验似乎证明了饮食上的一个原则之谈："吃饭七分饱。"要想活得好活得老，吃饭就只能吃到七成饱。

加州大学洛杉矶分校的沃尔弗德博士曾说："减低营养是人类迄今所知温血动物减缓衰老、延长寿命的唯一途径。"这个论点同样适用于人类。根据有关实验显示，限制食量可以大大地延缓生理上的衰老和免疫系统的失效，很清楚，即吃得少，活得久。

兰利曾说："好食者用牙齿挖掘自己的坟墓。"话虽有些恐怖，但道理却是很正确的。

既然我们知道吃得少有益于人体健康，可生活中的暴饮暴食者为何如此之多呢？

1. 对生活绝望者。有的人，遭遇到了挫折或失败，会在饮食上自我放纵，暴饮暴食，因为他们无所顾忌。正如中国人所调侃"连死都不怕，还怕吃吗？"

某小姐无论怎么注意，她的体型一直在发胖变粗，尝试了锻炼、吃减肥药、节食、不喝饮料等方法之后，一点效果没有，此姑娘开始绝望，她不再节食，放开胃口大吃特吃，决定把自己失去的损失夺回来。而这样做，不但会更加发胖，甚至会对身体健康产生影响。

2. 借此发泄者。很多人把暴饮暴食当作发泄的手段，如某男在单位里被老板每每训斥一次，回家之后便暴饮暴食，一直把自己吃到腹中胀疼，非得吃消化药，才不至于再去想自己那可恶的老板，因为他的全部思想被滚胀的肚皮给占满了，他无暇顾及其他了。

3. "吃"掉男人？很多女人通常把疯狂购物和暴饮暴食当作报复男人的手段。

某女，一日发现自己的男友与另一女人厮混，她气不打一处来。找到一家餐馆，要了很多东西，比如鸡大腿，她使劲地撕扯鸡大腿，并用刀子狠狠地剁，恨恨地吃，直到吃得坐不下来，这才怒气全消地离去。

4.有过饥饿史的人。这种人暴饮暴食是完全可以理解的，比如街上的流浪汉，吃了这顿饭还不知下顿饭在什么地方，所以他需要的是吃饱吃撑，一顿能管好几顿呢。

5.盲目攀比。通常在饭店里那些暴饮暴食的人都是出于斗气，争面子，不让对方比下去，所以就猛吃猛喝，全然不顾以后如何。

美国有一个讽刺小说叫《七把叉》，说的是在资本主义社会，人们穷极无聊之时便想到举办一场看谁吃得多的大赛，真是害人，为了取得冠军，主人公最后竟撑得眼珠爆裂，死在领奖台上，荒诞！

一个人只要清楚自己为什么会暴饮暴食的原因后，就应该想办法改正自己的这个毛病。因为长期的暴饮暴食对一个人的身心健康有很大的影响。

要保持生命的活力，必须遵守两大要点：

1.搞清楚，吃得太多对你百害而无一利。如果你一日三餐都吃得太饱，这本身就是浪费精力的行为。你得花很多时间去慢慢消化你的食物，蠕动的肠胃将分散你的精力。如果你发胖了，你又得花很多精力去消除身上的赘肉；如果你因暴饮暴食而处于情绪低落状态，你又得花大量精力去抚慰自己沮丧的心灵。

2.培养自己良好的饮食习惯。让身体处于最佳状态，最重要的就是控制自己的饮食。你应当制定一个原则：吃饭七分饱。同时应坚持多餐少食的饮食习惯，吃饭的内容是多菜少肉，吃饭的原则是多嚼少食，饭后的节目是多动少静。这就可以使你全身的运动处于最佳的状态。

是减肥还是减寿

当大环境决定以瘦为美的时候，几乎全世界的爱美人士都发了疯。减肥没有过错，错了的是你的方式，那就是丰了商人的腰包，谋杀自己的生命。

由于现代物质生活的提高，中国的肥胖人群越来越多，由于现代社会以瘦为美，这些人便想方设法减肥。其方法有加大运动量、节食、做气功等。虽有一定效果，但难以巩固。尤其是反复减肥，有害健康，使寿命缩短。据美国一项大规模的调查证明，减肥是不利于健康的，并且增大死亡率。美国波士顿哈佛大学的医生们详细地分析了自 1962 年以来一再接受医疗检查的11703 人的死亡情况。结果表明，无论是体重增长，还是减肥，死于某种疾病的风险都有所增加，这使科学家们感到非常惊讶。

科学研究证明，体重变化越大，死亡的危险也就越大，尤其是因心血管疾病而导致死亡的。

说实话，凡是肥胖者都有资格减肥。这种理解并不正确。肥胖的原因很多，既有遗传性肥胖、内分泌失调的病态性肥胖，也有营养过剩性肥胖、心理性肥胖。内分泌失调的病态性肥胖，应先治病，病除才有资格减肥。否则，一味节食，增加运动量，会加重病情。

有人认为减肥就是少吃东西。的确，对于营养过剩性肥胖者来说，减肥要控制食量，但主要是控制那些容易增加体重的食物，如糖类碳水化合物的巧克力、牛油、果酱、蜜饯等，油脂类的馅饼、香肠、各种精制的肉类等。而对于纤维质类的碳水化合物，如圆白菜、菜花、芹菜、莴苣、菠菜、胡萝卜、茄子、番茄等可放心地吃，不拘数量。还有蛋白质类的兔肉、肝、腰子、肚、心等，也不必定量。在一日三餐的分配上，早、中餐可吃多些，晚餐适量控制。不论何物，不论何时，以少吃为标准的节食会损害身体。

此外，适宜的减肥应采取缓慢渐进的方式。因为恋爱、赶时髦，或抓紧假日时间，急于求成，没有恒心，减掉的体重很快会恢复，并且会导致许多疾病的产生。只有稳定而渐进的减肥计划，减去的体重才永久消失。

还有一些人相信所谓的气功减肥，其实，它是另一种饥饿减肥的方式，它的最大弊端是使人体的自然免疫力降低。导致人体胃肠机能失调，并产生麻木抑制状态，虽然使人不知饥渴，有活力，但后果是可怕的。其实，你大可不必费尽心机去追求斯佳丽那16英寸的小蛮腰。君不见多少年轻人因为盲目减肥而被饿死？累死？人只有拥有生命，方是值得尊敬和有价值的，如果你因此损失了健康，甚至为它而牺牲，除了最后占用的土地空间比别人略小一点，还有什么意义吗？

停下来，如果不重要

假如你一个人拥有10公顷的小麦，在该辛勤培育的季节你却带上亲朋好友游山玩水去了。等回到家中田地早已荒芜，一年的收成打了水漂。这时，你是要继续没心没肺地回味着旅途的快乐，还是反思造成这样后果的根源所在呢？相信自有公断。在生活中，不要为了一时冲动而不顾事情的本质，分不明轻重缓急。你抱怨时间不够，其实却是把它们浪费在了与小事纠缠不休上。

每个人都想充分地利用每一天，在最短的时间内做最多的事情，变相地提高自己的工作效率和生命长度。可实际上，要想从烦琐无关紧要的小事上把自己解救出来也不是件容易的事情。

对此，时间管理学家特利克特在《如何有效地使用时间》一书中建议，我们在决策前应将各类事务按重要和迫切的程序排好次序：

1. 本质上的重要性：非常重要（必须做好）、重要（应该做好）、不很重要（可能不必要，但可能有用）、不重要（可完全免除）。

2. 时间上的迫切性：非常迫切（现在就必须做好）、迫切（应该不久就做好）、不很迫切（可以拖一段时间）、不迫切（可以长期不做，没有时间因素）。

我们首先应该做"非常重要"和"非常迫切"的事，只有这两项完全重叠才是主要的事，才是生活、工作中真正的"大石头"。

这些"非常重要"和"非常迫切"之事，又可分为：非自己动手和可以授权他人去办的事情，我们只需做"非我办不可"的事。这样，按事情的轻重缓急排列次序安排日常工作，我们就可以节省大量时间，摆脱事务缠身而又非常超脱。

人们谈到在按"轻重缓急"次序办事的典型事例时，往往会举美国贝斯雷亨钢铁公司董事长希韦布与效率专家艾维·李之间的一次谈话。董事长希韦布对艾维·李说："您能否向我提供在有限的时间里办更多事情的办法呢？如果有，我乐意听从并付给你合理范围之内所应索取的报酬。"

艾维·李说："可以。我愿在20分钟里向您提供提高效率50％的工作方法。"

艾维·李拿出一张白纸递给希韦布说："依重要程度写你每天必须做的六项事，放进口袋。第二天早上首先从第一件事开始工作。完成第一项之后再办第二项。接下去再办第三项。如此继续下去，直到下班。倘若只完成一二项，明天接下去再办，切勿为此担心。无论如何，你总是优先做着最重要的事情。"

临分手时，艾维·李说："请您每天都用这种办法工作。您验证之后，再推广到您的属员，愿试多久就试多久。然后按您认为值得的报酬数额，寄张支票给我。"

据说，此法为希韦布的公司赚了 1 亿美元的利润，该公司后来跨入了世界最大的钢铁公司行列。当然，艾维·李也收到了一张 2.5 万美元的支票。

艾维·李告诉希韦布的方法，无外乎就是弄清楚什么事情重要，什么事情次要后，集中精力，在一段完整的时间内只干一件重要的事儿，是节省时间提高效率的最好方法。可是大多数人并不能真的懂这种做法。

托尔斯泰的生活准则是："要有生活目标：一辈子的目标，一段时期的目标，一个阶段的目标，一天的目标，一个小时的目标，一分钟的目标，还得为大目标牺牲小目标。"所以托尔斯泰一生才有那么伟大的成就。那么现在，你是不是应该归置一下自己杂乱的记事本，看看究竟该从哪里去处理了呢？